AF344118

ROMAN

D'OPTIQUE.

ROMAN D'OPTIQUE,

OU

PROBABILITÉS

SUR L'EXISTENCE

DE DIFFÉRENTES ESPÈCES DE VUES;

D'APRÈS LESQUELLES ON EXAMINE

Si l'Homme voit la Nature sous son plus bel aspect.

Par M. l'Abbé MOUSSAUD,

Professeur émérite au Collège de la Rochelle, et Membre de l'Académie des Belles-Lettres de la même ville.

Animum nobis adhibe... nova res molitur ad aures accidere, et nova se species ostendere rerum.
Lucr. ii. 2021.

PARIS,

CHEZ BARBA, LIBRAIRE, PALAIS-ROYAL,

DERRIÈRE LE THÉATRE FRANÇAIS, n°. 51.

1810.

AVERTISSEMENT.

LE titre de cet Ouvrage annonce assez l'idée qu'on doit s'en former. Nous ne le donnons ni comme un nouveau système, ni comme une prétendue découverte dans les merveilleux effets de la lumière. Ce n'est qu'une simple idée philosophique, ou, comme nous avons cru devoir l'intituler, une espèce de *Roman d'Optique*, où l'imagination, empruntant le langage du raisonnement, s'égaye dans le champ de la physique et de l'histoire naturelle.

L'ingénieux FONTENELLE est le pre-

mier, parmi nous, qui se soit exercé
en ce genre d'écrire, et qui nous en
ait laissé un modèle digne d'exciter
l'émulation des gens de lettres. Son
charmant ouvrage sur la pluralité des
mondes n'est, à proprement parler,
qu'un *roman d'astronomie*, uniquement fondé sur la vraisemblance,
comme nos romans ordinaires. C'est,
sans contredit, le plus connu de ses
écrits, parce qu'il est le plus agréable
et le plus amusant. Cet exemple
prouve que la philosophie et les
sciences peuvent avoir aussi leurs romans, c'est-à dire, offrir au génie des
aspects vivans et fleuris, et par conséquent enrichir la nature de brillantes et
précieuses productions. Si de tems en

tems il en paraissait quelques-uns de ce genre, ne doutons point qu'ils ne fussent favorablement accueillis, selon leur degré de mérite. Ils auraient même un avantage propre à les faire distinguer : ils seraient pour l'esprit et les connaissances, ce que les autres sont pour le cœur humain.

Nous hasardons celui-ci, sans nous flatter d'avoir atteint le but ; mais, quel qu'en soit le succès, nous ne croirions point avoir tout-à-fait perdu nos peines, s'il pouvait engager des plumes plus exercées à nous en donner de plus intéressans.

ROMAN D'OPTIQUE,

OU

PROBABILITÉS

SUR L'EXISTENCE

DE DIFFÉRENTES-ESPÈCES DE VUES;

D'APRÈS LESQUELLES ON EXAMINE

Si l'homme voit la Nature sous son plus bel aspect.

----- ❊ -----

Les beautés que la nature nous offre de toutes parts, sont si nombreuses et si variées, qu'il n'est qu'un être insensible qui puisse ne pas les admirer. Malgré l'habitude où nous sommes de les voir, et qui en affaiblit de plus en plus le sentiment, quelle impression ne font-elles pas sur nous, lors-

que nous les considérons de plus près,
ou d'un œil plus attentif!

Cependant, quelque belle que nous
paraisse la nature, se montre-t-elle à
nous sous ses dehors les plus flatteurs?
n'y a-t-il point différentes manières
de la voir, qui nous sont inconnues,
et chacune de ces manières n'offre-t-
elle point des beautés qui, par conséquent, se dérobent à nos regards? N'y
a-t-il point aussi des êtres entre lesquels sont partagées ces différentes
espèces de vues, et auxquels se dé-
voilent ces beautés inaccessibles pour
nous?

La première de ces questions nous
est indiquée par les expériences de
l'art. Elles nous apprennent en effet
qu'on peut voir la nature ou plus
grande et plus brillante, ou plus petite
et plus adoucie, ou même multipliée
dans chacune de ses parties.

Ces trois manières de voir sont relatives à trois espèces de verres ou lunettes. La première aux verres convexes ou ampliatifs, la seconde aux verres concaves ou contractifs, la troisième aux verres à facettes ou multipliants.

La seconde question suit naturellement de la première. Une vue quelconque suppose un œil, et l'œil un être voyant ; s'il y a des êtres qui voyent la nature sous ces différentes faces, ils la voient donc chacun d'une manière différente, et par conséquent différemment belle. Or, laquelle de ces manières de voir, comparée avec celle qui nous est particulière, a le plus d'avantages et d'agréments, est la plus propre à nous découvrir les richesses de la nature et à nous les faire admirer ? Tel est le fondement du problême que nous proposons.

Mais ces différens systêmes de vues sont-ils dans la nature, ou de simples effets de l'art? et ces êtres, spectateurs de la nature sous ces différents points de vue, existent-ils réellement, ou ne sont-ils qu'imaginaires?

Nous pourrions nous dispenser d'entrer dans l'examen de ces deux nouvelles questions, puisque la seule possibilité, et de ces vues et de ces êtres, suffirait pour nous autoriser à les supposer. Cependant, pour raisonner sur quelque chose de plus solide qu'une supposition, nous commencerons, indépendamment de ce que nous en dirons dans la suite, par fournir quelques preuves de l'existence de ces êtres, ou du moins de sa probabilité. Nous parcourrons ensuite les principaux phénomènes de ces différentes espèces de vues, pour donner une idée des beautés particulières qu'elles font découvrir aux êtres qui en sont doués. De-là, nous pourrons apprécier si ce que nous voyons peut nous dédommager de ce que nous ne voyons pas, et décider par ce moyen, *si l'homme voit la nature sous son plus bel aspect.*

PREMIÈRE PARTIE.

Parmi les différentes raisons qui doivent nous faire présumer que la nature se présente sous divers aspects, et qu'il y a plusieurs manières de la voir, il en est deux sur-tout qui nous paraissent très-plausibles. La première, c'est la diversité même que la nature affecte dans ses ouvrages, et l'espèce d'antipathie qu'elle a pour l'uniformité. La seconde, c'est que l'art n'étant que l'imitateur de la nature, ses effets ne doivent être regardés que comme des découvertes des choses préexistantes, et non comme de nouvelles productions.

Pour ce qui est de la diversité que

la nature se plaît à mettre dans ses opérations, les sens dont elles nous a pourvus, nous en fournissent des exemples suffisants, auxquels aussi nous nous bornerons.

Quelle variété dans la distribution qu'elle en a faite entre les différents êtres animés! les uns en ont plus, les autres moins. Ceux - ci vivent avec un seul, comme les vers et les coquillages en général, qui paraissent ne posséder à - peu - près que le tact, et chez qui le goût ne mérite pas plus ce nom que la faculté qu'ont les plantes et les arbres de pomper les sucs dont ils se nourrissent. Ceux là n'en ont que deux ou trois au plus, comme les papillons et autres insectes analogues, dans la dissection desquels on ne découvre aucun vestige ni de nerf auditif, ni de conduit olfactoire; qui voltigent ainsi sur les fleurs sans pouvoir en respirer le parfum, et qui peut-être n'en savourent guère plus le nectar, qu'elles mêmes ne savourent la sève qui les fait vivre. Cependant ces insectes entendent, puisqu'au moindre bruit ils s'envolent. Il faut donc qu'un de leurs sens équivale à deux, et que la subite commotion que l'ébranlement de l'air leur fait éprouver, leur tienne lieu d'avertissement. Il est donc des êtres chez qui un sens a deux propriétés différentes, chez qui le tact fait les fonctions de l'ouie. Les poissons nous offrent la même singularité : ils entendent fort clair, quoiqu'on ne découvre en eux aucun organe destiné à cet usage. On a donc lieu de croire qu'ils ne distinguent aussi les sons que par la qualité de la secousse que ceux-ci impriment à l'eau , et que cette dernière leur communique. Peut - être que ces deux sens se réunissent et se confondent chez eux , comme la vue et le tact dans quelques insectes, dont les antennes sont implantées au milieu de l'œil (1).

Chez les espèces que la nature a douées des mêmes sens , quelle variété n'a t-elle pas mise encore dans leur degré de perfection! quelle finesse de tact, par exemple , dans l'a-

____

(1) M. de Réaumur pense que les antennes, chez les insectes, pourraient être l'organe de l'ouie ou de l'odorat ; mais un papillon à qui l'on aurait retranché cette partie, ne laisserait pas probablement de se plaire encore parmi les fleurs, et de s'enfuir lorsqu'il se ferait quelque bruit autour de lui, C'est une chose à vérifier.

raignée, d'odorat dans le chien, d'ouie dans le lièvre, de vue dans l'aigle! et pour nous arrêter à ce dernier organe dont il s'agit ici particulièrement, que de manières différentes de s'en servir!

Les animaux, en général, ont besoin pour voir, ainsi que nous, de la lumière du soleil ou d'un flambeau, et deviennent comme aveugles dans l'obscurité. Il en est cependant, tels que les chats parmi les quadrupèdes, les hibous parmi les oiseaux, et les phalènes parmi les insectes, qui sont nyctalopes, c'est-à-dire qui jouissent du jour au milieu même des ombres. La même chose arrive aussi, quoique rarement, parmi les hommes L'empereur Tibère nous en fournit un exemple remarquable. Lorsqu'il lui arrivait de s'éveiller pendant la nuit, il discernait alors les objets, du moins pendant quelques instans, aussi bien que si son appartemement eût été éclairé. On rapporte la même chose de l'historien Sabellicus (1).

---

(1) La faculté de voir pendant la nuit, n'est peut-être pas aussi rare parmi les hommes qu'on se l'imagine ; si nous n'en avons pas un plus grand nombre d'exemples, c'est que les écrivains ont probablement négligé de les recueillir ; l'auteur a connu à la Rochelle, une dame dont la vue avait cette propriété. Elle avait les yeux forts grands, comme Suétone le remarque de Tibère : *erat prægrandibus oculis, et qui, quod mirum est, nocte etiam et in tenebris viderent ;* mais avec cette différence que ce n'était pas pour quelques instans comme lui, et à son réveil seulement, qu'elle voyait dans l'obscurité ; *ad breve, et cùm à somno patuissent, deindè hebescebant,*

Les hommes d'ailleurs n'ont pas
entre eux une manière de voir uniforme. Il y en a dont la vue grossit
ou diminue le volume des corps , de
sorte qu'ils paraissent aux uns plus
grands, aux autres plus petits. Ce double phénomène a lieu quelquefois
dans la même personne , pour qui la
même chose est ainsi plus ou moins
grande, selon l'œil avec lequel elle
la considère. Telle était la vue du
philosophe Gassendi , telle était celle
de M. de Buffon , comme il nous l'ap-

---

n°. 68 ; mais aussi long-tems qu'elle le voulait
et sans aucun affaiblissement dans le degré de
lumière. Cette faculté chez elle, n'était cependant pas de tous les tems, et n'avait
lieu que lorsqu'elle était malade et dans un
certain état de faiblesse et de langueur ; elle
voyait alors si clairement dans l'ombre de la

prend lui-même (1). Bien plus, il est des gens, du moins on nous l'assure, pour qui les couleurs se substituent les unes aux autres, et ne sont pas les mêmes pour les deux yeux (2). Le souci, à l'un de leurs regards, se pare de la pourpre de la rose, par exemple, et la rose de la teinte dorée du souci. Chez d'autres, ce changement de couleur dépend de leur volonté, c'est-à-dire de la position qu'ils veulent prendre. Les caractères d'un livre, qui sont noirs, leur paraissent ou d'un vert brillant, ou du

nuit, qu'elle pouvait distinguer même une épingle par terre ; changement difficile à expliquer, et qui suppose une extrême dilatation dans la prunelle.

(1) Hist. natur. T. IV. P. 416.

(2) Newtonianisme pour les Dames. T. I. P. 127.

plus beau rouge, lorsqu'ils lisent en face du soleil, et sous un certain angle de réflexion: l'auteur est du nombre de ces derniers. Enfin il y en a qui voient plus loin d'un œil que de l'autre, et qui ont ainsi deux horisons. Si les hommes pouvaient changer de vue entr'eux, il résulterait donc bien des surprises de ce changement, soit pour la couleur, soit pour la dimension des objets qui les environnent (1).

___

(1) Le philosophe Aristipe, au rapport de *Sextus Empyricus*, disait qu'il n'y avait point d'affection commune à tous les hommes; qu'il est par conséquent téméraire d'assurer que ce qui est blanc pour l'un le soit aussi pour les autres. Celui qui a les yeux plus gros, verra, dit-il, les objets plus grands que celui qui les a plus petits; celui qui a les yeux bleus, les verra d'une autre couleur que celui qui les a gris ou noirs.

De toutes ces variétés de la vue, dont il serait facile de faire une plus longue énumération, ne devons-nous pas inférer que la nature se plaît à se montrer sous divers aspects, et qu'il y a plus d'une manière de la voir (1).

---

(1) Parmi ces variétés, on peut admettre encore les formes particulières et les différentes positions de cet organe, ses répétitions plus ou moins nombreuses dans quelques animaux, d'où peuvent résulter autant de nouveaux phénomènes d'optique.

La nature a formé, il est vrai, cet organe double dans la plûpart des êtres qu'elle en a doués, en leur donnant à chacun deux yeux; mais elle s'est écartée de cette règle à l'égard de plusieurs; il en est, par exemple, qui, vrais cyclopes, n'en ont qu'un seul placé au milieu du front. C'est le propre d'un poisson des Indes, nommé en conséquence *Monophtalme*, et de certaines puces aquatiques, connues, pour la même raison, sous le nom

Entre cès différentes espèces de
vues, celle sur-tout qui a la propriété

---

de *Monocles*. D'autres, plus richement partagés, en ont quatre, six, ou même plus,
comme les araignées domestiques, qui en
ont huit. Parmi les êtres qui n'en ont que deux,
tantôt ils sont placés sur une même face, et
dans cette classe est l'homme lui-même, qui
en occupe le premier rang; tantôt ils sont
distribués sur deux faces opposées : de ce
nombre, sont les oiseaux, les reptiles, etc.
Dans ces différentes espèces, l'un de ces yeux
est constamment à droite et l'autre à gauche :
dans d'autres, ils sont tous les deux du même
côté; tel est un poisson du Brésil, appelé
Lingoinda. Ceux-ci les portent sur le dos,
comme le *Faucheur*, ou sur la tête, comme
le *Raspécon*, et les poissons plats en général
qui regardent ainsi directement le ciel; Delà,
le surnom d'*Uranoscopes*, par lequel on les
désigne; ceux-là les ont situés dans la partie
opposée, c'est à dire sous le ventre, singu-

de grossir ou de diminuer le volume
des corps, et qui est susceptible de

---

larité dont nous avons un exemple dans le
poisson armé ; quelques-uns réunissant ces
deux positions, en ont tout à-la-fois dessus et
dessous. Ainsi est fait le *Diable de Mer*, espèce de raie de la Côte-d'Or.

On en voit, car toutes les combinaisons ne
sont pas encore épuisées, qui ont les yeux de
deux couleurs, comme les mouches éphémères, dont parle M. Réaumur (*), aux regards desquelles les mêmes objets pourraient
ainsi paraître différamment colorés. Cette variété, naturelle dans quelques espèces, n'est
qu'accidentelle dans d'autres. C'est ce que
l'auteur a lui-même observé dans un chien
dont l'œil droit était d'un bleu clair, et le
gauche de couleur rousse ; d'autres, les ont
saillans et hors de la tête. De ce genre,
sont les petites demoiselles aquatiques, et

(*) Tom. IV, part. I, Mém. VI, pag. 309.

bien des gradations, ne nous indiqué
t-elle pas d'elle-même qu'il existe in
failliblement des êtres dont les un
voient les objets beaucoup plus grand
et les autres beaucoup plus petits qu
nous, tels qu'ils nous paraissent,

---

les petites écrevisses que nous appelons *ch*
vrettes. Dans d'autres, au contraire, ils son
tellement enfoncés, qu'ils n'offrent que deu
espèces de trous, au fond desquels on n
peut les découvrir, comme dans un poisso
du Congo, que sa forme a fait nommé *Roue*
le Bogue, poisson de la Méditerranée,
le Depone, serpent du Mexique, les on
si larges et si grands, qu'ils occupent pres
que toute la tête ; le Scorpion et l'Orvet, a
contraire, les ont si petits, qu'à peine peut
on les appercevoir. Chez le Caméléon et l
Crabe, ils changent pour ainsi dire de form
et de place ; le premier tantôt les dilate, tan
tôt les rétrécit ; faculté par laquelle il pour

l'aide de nos bonnes lunettes convexes et concaves. Ces instruments ne nous permettent pas d'en douter, et en deviennent une nouvelle preuve.

En effet, les inventions de l'art, comme nous l'avons dit, ne doivent pas être considérées comme des productions qui lui appartiennent et dont il soit le père, mais comme de simples découvertes de choses préexistantes, qui nous étaient inconnues. Croi-

rait peut-être amplifier et contracter alternativement les objets. Le second, tantôt les prolonge en avant, tantôt les retire à lui, et peut s'en servir ainsi pour voir également de loin et de près. Enfin, il y a des êtres qui, dévoués à une obscurité perpétuelle, n'ont aucun œil, comme les Laiches, les Scolopendres ou Taupes de Mer, etc. tandis que d'autres, comme les papillons et les mouches, en ont des milliers, dont ils sont comme surchargés.

rions-nous, par notre faible industrie, avoir forcé la lumière à prendre des routes qui n'étaient pas faites pour elle, ou du moins qu'elle ignorait, pour nous découvrir des choses condamnées à demeurer perpétuellement ensevelies dans le sein des ténèbres ? Nous pourrions nous flatter alors d'avoir des droits bien fondés à la reconnaissance de la nature, en lui rendant sensibles une foule innombrable de beautés et de merveilles pour lesquelles elle n'avait point d'œil, et qu'elle possédait ainsi sans le savoir. Elle ne pourrait seule s'en approprier la gloire ; nous la partagerions avec elle. Mais ne serait-ce pas là une idée absurde, pour ne rien dire de plus ? L'art ne peut rien produire par lui-même ; il n'est en tout genre que l'imitateur de la nature ; il faut qu'il en suive les lois, qu'il se conforme invariablement à sa marche : pour peu qu'il s'en écarte, il voit échouer toutes ses entreprises.

Les vues artificielles qu'il nous a procurées, comme celles des différentes espèces de verres propres à dilater et à contracter les objets, à les multiplier, les rapprocher, les colorer, doivent donc être regardées, non comme des productions nouvelles, mais comme d'heureuses copies de la nature, qui en possède les vrais modèles, les types vivants. Il existe donc indubitablement des êtres entre lesquels la nature a réparti ces différentes manières de voir, d'où résultent autant de nouveaux aspects, sous lesquels elle se présente à leurs regards, et dont chacun aussi leur offre un nouvel ordre de beautés.

Entrons maintenant dans l'examen des principaux phénomènes de ces espèces de vues, pour en considérer les avantages et les agréments res-pectifs.

SECONDE PARTIE.

LA vue qui nous est échue en partage, tient comme le milieu entre deux autres, qui en dérivent en quelque manière ; l'une par extension , qui par conséquent nous fait voir les objets beaucoup plus grands et plus développés ; l'autre par réduction , qui nous les montre aussi beaucoup plus petits et plus resserrés.

Outre ces deux espèces de vues, il en est encore deux autres, dont les effets ne sont pas moins différents. La première multiplie les objets, et par là nous en fait voir plusieurs dans un seul ; la seconde les enlumine des plus brillantes couleurs , et sait embellir ainsi les plus désagréables.

Ces quatre espèces de vues sont *l'ampliative*, la *contractive*, la *multiplicative* et la *prismatique*. A ces différentes vues, nous en réunirons encore deux autres, savoir l'*approximative* ou *télescopique*, et l'*unicolor* ou *monochropmatique*. Nous allons en considérer séparément les beautés particulières, afin de pouvoir les comparer ensuite avec celles qui sont propres à notre manière de voir, et parvenir ainsi à la solution du problême que nous avons à discuter.

ARTICLE I.

DE LA VUE AMPLIATIVE.

L'invention du microscope a été
pour la physique et l'histoire naturelle, ce que la découverte de l'Amérique a été pour la géographie et le
commerce. Leurs auteurs nous ont
mis en possession de deux nouveaux
mondes, inconnus avant eux, et dont
l'un n'est pas moins digne d'admiration par ses curiosités, que l'autre
d'estime par ses richesses (1).

(1) On attribue ordinairement aux modernes, la découverte des microscopes ; mais,
dans le fait, ils n'ont que la gloire de les
avoir perfectionnés. L'histoire nous fournit
des preuves que les anciens les ont connus, et

La nature nous a dérobé pendant bien des siècles la vue de ces curiosités que notre œil ne peut voir par lui-même. L'art est enfin parvenu à nous les rendre accessibles ; mais il n'a pu, malgré ses efforts et ses succès, nous en dévoiler à chaque fois que de faibles parcelles, plus propres à nous en donner une idée qu'à nous en offrir le spectacle. C'est un avantage qui est réservé, comme nous

---

qu'ils en avaient même de très-bons pour leur tems. Entr'autres exemples que nous pourrions alléguer, nous citerons surtout l'Illiade d'Homère, écrite d'un caractère si fin, qu'une coque de noix pouvait la contenir, comme Pline (L. 7. C. I.) nous l'apprend d'après le témoignage de Cicéron, qui l'avait vue. Tant de délicatesse surpasse naturellement la capacité de la vue de l'homme le plus clairvoyant, et suppose par conséquent le secours d'une loupe extrêmement forte.

avons lieu de le croire, pour des êtres autrement organisés que nous, et qui en sont les spectateurs nés. L'aspect sous lequel la nature s'offre à leurs regards, leur découvre donc un ordre immense de beautés que le philosophe ne peut s'empêcher de leur envier. Jugeons de son ensemble par quelques-unes de ses parties.

Dans ce genre de beautés cachées et invisibles, choisissons celles qui dans l'état actuel, nous semblent les plus viles et les plus méprisables, un moucheron, par exemple, et un peu de moisissure.

On vient de placer l'insecte sous un bon microscope. L'œil s'en approche : de quelle surprise il est frappé ! que de beautés se découvrent à lui dans ce peu d'étendue ! Ce n'est plus ce vil insecte, ce moucheron dédaigné, c'est le chef-d'œuvre de la nature, qui, pour l'embellir, semble avoir prodigué toutes ses richesses. L'or, le pourpre, l'azur, les plus vives couleurs en font une merveille que l'on ne se lasse point d'admirer. Les oiseaux les plus distingués par leur plumage, n'ont rien de plus brillant. Ses aîles ne sont plus une faible membrane sans aucun ornement qui le distingue ; c'est le réseau le plus admirable et le plus précieux. Au moindre mouvement de l'insecte, mille nuances nouvelles succèdent aux premières. Mais à la vue de sa tête sur-tout, les beautés se multiplient, la surprise et l'étonnement redoublent. Dans les deux portions de sphère qui en forment les deux faces lattérales, on croit voir deux espèces de pierres précieuses, artistement travaillées. Des traits de lumière, diversement colorés, s'en réfléchissent de toutes parts ; on se figure voir un mélange de rubis, de saphirs, d'émeraudes, réunis et fondus ensemble. L'œil ne cesse de les contempler, que pour en laisser admirer le mécanisme et l'usage à l'esprit. C'est dans cette partie de l'insecte que réside le siége et l'organe de sa vue ; ce sont là ses yeux, mais des yeux merveilleusement configurés ! La superficie en est parsemée d'une infinité de petites facettes convexes, parfaitement égales entr'elles. Chacune de ces facettes, prise séparément, est elle-même un œil complet. Leur ensemble forme ainsi une pépinière d'yeux, où la nature vient se concentrer et se peindre de tous les points de l'horison.

Voilà une légère esquisse de ce que présente à l'observateur qui le considère, un moucheron, un insecte vu au microscope, et qui, hors de là,

n'offre plus rien de ces brillants dehors dont la nature semble le dépouiller, pour les soustraire à nos regards.

Changeons de spectacle ; à cet insecte faisons succéder un peu de moisissure. Le croirions-nous, si l'expérience ne le démontrait ? Cette espèce de poussière, indice de la cor-
ruption dont elle est l'effet, est un
ouvrage admirable, mais que sa délicatesse dérobe à notre faible vue.
C'est une prairie, c'est un parterre
orné d'une multitude de plantes et
de fleurs (1). Les unes sont tout-à-
fait épanouies, les autres viennent
d'entrouvrir leur calice ; quelques-
unes commencent à passer et à se
flétrir, ou n'offrent encore que des
boutons plus ou moins avancés. Du

____

(1) Micrographie de Hook.

milieu de ces fleurs, il s'en élève d'autres, qui sont à leur égard comme
des arbrisseaux, ou comme des arbres, dont l'aspect n'est pas moins
admirable. Ce n'est point une vaine
illusion, ces arbres et ces fleurs sont
de vraies plantes, qui non-seulement
ont leurs racines, leur sève et leur
végétation, mais encore leur germe
reproductif, leur semence. Telle est,
dans la réalité, cette moisissure si
vile en apparence.

Jugeons, par ces deux exemples,
des beautés multipliées que la nature
a répandues sur cette classe innombrable des infiniment petits qui composent le monde microscopique, et
de la magnificence du spectacle qui
doit en résulter ! Pourrions - nous
croire que ces merveilles, parce
qu'elles sont invisibles pour nous,

sont pour cela perdues et comme non
existantes, faute d'êtres qui puissent
en jouir? La raison répugne à se le
persuader. Rien n'a été fait en vain :
c'est un axiôme dont la vérité est généralement reconnue. Cependant,
si les brillantes curiosités que nous
découvre le microscope, ne s'offraient
à la vue d'aucune espèce d'êtres, à
quelle fin seraient-elles créées? Il en
existe donc pour qui elles doivent
être sensibles, et ce sont probablement les habitants même de ce monde inconnu. Personne n'ignore avec
quelle prodigieuse fécondité la nature a peuplé toutes les parties de la
matière d'êtres animés, d'une organisation si déliée et si subtile, que l'œil
le plus clairvoyant ne peut les appercevoir. Ce sont-là, n'en doutons point,
les spectateurs nés de ces beautés ca-

chées, imperceptibles comme eux :
rien n'est au moins plus vraisemblable. Ces petits êtres, compris sous le
nom général d'*animalcules*, ne sont
donc pas ainsi moins richement partagés que nous pour l'agrément de la
vue.

Il est à croire, par exemple, que
ces petites mouches dont nous venons
de parler, si indifférentes, si peu
dignes d'attention, à ce qu'elles nous
paraissent, mais si belles, si intéressantes en elles-mêmes, se voient
entr'elles dans tout leur éclat. Si ces
insectes étaient doués de quelque portion d'intelligence, et qu'ils connus-
sent le mépris que nous faisons d'eux,
ne seraient-ils pas bien fondés à nous
regarder du même œil, nous qui
leur sommes si inférieurs pour la richesse et le lustre des ornements du

corps ? Que sont, en effet, nos habil-
lements les plus précieux, en comparaison de la superbe robe dont la
nature les a revêtus ? Quel groupe,
pour ne pas dire quel cercle brillant,
ne doit pas former un certain nombre
de ces mouches réunies ensemble, et
se considérant les unes les autres, sous
les différents points de vue qui résultent de la diversité de leur position !
Belles par elles-mêmes, elles n'em-
pruntent rien de l'art ni de l'industrie. Chez elles, rien de factice, rien
d'étranger ; leur beauté, comme leur
parure, n'éprouve point d'alternative,
elle est de tous les moments.

Les lieux où elles se rassemblent,
et qui souvent leur servent de retraites, c'est-à-dire les feuilles de la plu-
part des végétaux, sont eux-mêmes
de nouveaux chef-d'œuvres, non

moins admirables, et qui échappent également à nos regards. L'inspection de ces feuilles observées au microscope, offre en effet mille beautés plus frappantes les unes que les autres. Ce sont autant de riches étoffes, de pièces de velours de différentes couleurs. Les unes, comme celles de la sauge, sont un tissu de mailles symétriques, relevées en petites bosses, formées de touffes et de nœuds semblables à du cristal; les autres, comme celles de la mercuriale, présentent un parquetage soyeux, parsemé d'argent, dont les bords sont ornés d'une frange de perles sphériques et limpides, attachées et pendantes en manière de grappes (1). Ce sont là les siéges, les

____

(1) Observation de Baker.

lits de repos que la nature fournit li-
béralement de toutes parts à ces insectes. Ces riches sophas, ces superbes appartements, dont l'orgueil de
l'homme s'applaudit, ont-ils rien qui
puisse les surpasser, ou même les égaler? Puisque ces merveilles et une infinité d'autres ne se découvrent à nous
qu'à l'aide de nos meilleurs verres ampliatifs, et qu'il n'est pas vraisemblable qu'elles ne soient visibles pour aucune espèce d'êtres, les yeux faits pour
les contempler sont donc de vrais, de
parfaits microscopes.

Il en est ainsi, dans son genre, de
ce peu de moisissure, tel qu'il paraît
à des regards susceptibles d'en développer les différentes parties. Nous
n'avons rien de supérieur à lui opposer. Nos fleurs les plus estimées, nos
arbrisseaux les plus curieux, ne nous

offrent rien , à l'éclat près des couleurs , de plus agréable à voir ; encore
ce défaut d'éclat ne doit-il peut-être
s'attribuer qu'à l'insuffisance de nos
instruments , trop imparfaits , sans
doute pour en faire ressortir toutes
les beautés.

Quoi qu'il en soit, au milieu de ces
boccages , de ces bois fleuris que fait
pour ainsi dire éclore le microscope,
se promènent, comme dans de vastes
campagnes , des êtres imperceptibles
qui en sont les vrais possesseurs , les
propriétaires nés. Ceux que nous dé-
couvrons ne nous permettent pas de
douter qu'il en est beaucoup d'autres
qui partagent avec eux ces riantes de-
meures , mais que leur extrême petitesse rend tout-à-fait inaccessibles
pour nous; semblables , si on peut le
dire , car c'est bien ici le lieu d'appli-

quer l'expression *si parva licet componere magnis* (1), semblables à ces étoiles qui , enfoncées dans les profondeurs de l'espace , ne laissent sur elles aucune prise à nos meilleurs télescopes (2).

---

(1) Virg. *Georg.* iv. 176.

(2) L'existence de ces animacules , visibles et invisibles, nous rend en quelque manière raison de la subtilité de la lumière. Si les rayons qui la composent sont d'une finesse qui surpasse l'imagination , quelle peut en être la cause, sinon parce qu'ils ont à éclairer des yeux d'une petitesse inexprimable, que l'esprit ne peut également se figurer, et qui ne sont auprès des nôtres, que des atômes devant des montagnes; parce qu'ils ont de plus à leur découvrir, une foule d'objets mille fois plus petits encore, tels que ceux qui sont à l'égard de ces animalcules, ce qu'est

Jouissant d'un si beau spectacle; ces animalcules ont-ils quelque chose à nous envier pour le plaisir de l'œil ? Ce peu de poussière, qui, quoi que isolé, forme par eux un enclos si ample et si spacieux, ne doit pas manquer, réuni à l'ensemble dont il n'est qu'une portion détachée, d'offrir à leurs regards différens points de vue, des vallons, des collines, des bosquets, des lointains, des paysages de toute espèce, où l'imagination se pro-

____

pour nous un grain de sable ou de poussière. Les expériences du microscope nous fussent-elles inconnues, il suffirait donc de la nature seule de la lumière, pour en inférer qu'il doit exister des animaux infiniment petits, qui, pourvus des mêmes organes que les plus grands, participent aussi comme eux au bienfait de la vue.

mène délicieusement avec eux. S'ils avaient, comme nous, l'art de dessiner des parterres, d'aligner des allées, de former des boulingrins, des berceaux, des perspectives, d'aider enfin à la nature et de l'embellir, n'auraient-ils pas de quoi effacer nos lieux de plaisance les plus célèbres ?

Comme une foule de ces animalcules ne sont point visibles pour nous, il doit en être ainsi des diverses plantes qui ornent les campagnes qu'ils habitent. Parmi ces fleurs qui les environnent, un grand nombre d'infiniment petites se dérobent aussi à la curiosité de nos regards, et doivent être pour eux ce qu'une pelouse moëlleuse est pour nous. Elles forment des tapis, des prairies émaillées qu'ils foulent aux pieds, tandis que les plus élevées dominent sur leurs têtes, et

les ombragent de leurs cimes superbes.

L'inconcevable degré de petitesse
où la nature est descendue dans la
formation des êtres du règne animal,
autorise l'imagination à s'élancer encore plus loin (1). Peut-être, car on
peut se le figurer sans passer les bornes de la vraisemblance et de la possibilité, peut-être que sur ces fleurs,
sur ces arbres microscopiques, voltigent des insectes mille fois plus petits que les premiers, et qui sont à
leur égard ce que sont pour nous les
oiseaux et les papillons. Et comme
il y a sûrement dans la nature, des

---

(1) Il en existe de vingt-cinq millions de
fois plus petits qu'un grain de sable presqu'imperceptible. *Expériences de M. Male-
zieu.*

sons aussi insensibles à nos oreilles, que des êtres imperceptibles à nos yeux, ces insectes ont peut - être un ramage proportionné à la délicatesse de leurs organes.

S'il était donc possible que l'art fît pour l'ouie ce qu'il a fait pour la vue, et que nous eussions d'aussi bons microsphones que de bons microscopes, qui perfectionnassent également cette faculté, il est indubitable qu'avec leurs secours, nous parviendrions à distinguer des sons dont nous n'avons aucune idée, et dont nous ne serions pas moins frappés que des phénomènes que le microscope nous fait découvrir. Il peut donc y avoir effectivement de ces animalcules aîlés, qui voltigent et gazouillent dans ces bois fleuris.

Si nous pouvions les entendre, leur ramage nous paraîtrait peut-être supérieur à celui de nos serins et de nos rossignols; comme leur plumage, si nous pouvions les voir, surpasserait peut-être celui de nos paons et de nos colibris. Puisqu'il est des êtres pour qui ils doivent être visibles, comme nous l'avons montré, il doit en être aussi pour qui leur chant est intelligible; et ce sont sans doute les mêmes qui ont le double plaisir et de les voir et de les entendre. C'est un avantage qu'on ne peut au moins leur refuser entre eux.

En vertu de la même analogie, nous devons admettre dans ces arbres et dans ces fleurs, les qualités propres à leurs espèces, c'est-à-dire dans les unes un parfum qui réponde à leur beauté, et dans les autres, des fruits, qui, par leur délicatesse, soient dignes de la tige qui les a produits. En effet, ce que nous avons dit des sons, doit se dire également des odeurs et des saveurs. Il en est, sans doute, de délicieuses, que ne pourrait égaler peut-être aucune de celles qui nous sont connues, mais qui trop subtiles pour affecter nos organes, sont par-conséquent anéanties pour nous. Les mêmes animalcules se nourriront de ces fruits, et respireront le parfum de ces fleurs. Ainsi ces atômes animés ne seront pas moins avantageu-sement partagés que nous, nou-seulement pour la vue, mais encore pour l'odorat et le goût.

Mais pour nous renfermer dans ce qui regarde le sens de la vue et les effets de la lumière, concluons, d'après . les exemples que nous avons rapportés, que dans le règne animal ; ainsi que dans le règne végétal , la nature offre à ces petits êtres le spectacle le plus curieux et le plus intéressant. En le dérobant aux regards de l'homme, elle lui cache donc une partie admirable de ses ouvrages ; celle où brille le plus sa délicatesse et sa fécondité .(1).

---

(1) Si l'art, à force d'essais, parvenait à fabriquer de nouveaux microscopes, une fois ou deux seulement plus ampliatifs que ceux qu'il nous a procurés, que de nouvelles, que de nombreuses familles d'animaux et de plantes ne nous feraient-ils pas découvrir ! que de merveilles, peut-être plus admirables encore que celles que nous connaissons en ce genre ! le monde microscopique actuel serait un monde de géants, en comparaison de celui que nous verrions éclore ; mais eussions-nous de pareils instruments et de cent fois

plus parfaits, ne nous imaginons pas qu'avec leur secours, nous pussions descendre aux dernières productions de la nature, aux derniers atômes qu'elle fait vivre et respirer. C'est une chaîne dont nous ne pouvons atteindre le dernier anneau.

ARTICLE II.

DE LA VUE CONTRACTIVE.

Cette nouvelle vue, bien différente de la précédente, fournit aussi des phénomènes bien opposés. Autant l'une grossit le volume des corps, autant l'autre le diminue. La première nous frappe en nous découvrant un nouvel ordre de choses, en nous introduisant daus un monde inconnu : elle semble créer les êtres et les faire sortir du néant. La seconde nous charme par les graces qu'elle répandsur les différents objets qui nous environnent. Il n'en est point auquel elle ne communique un nouveau degré de délicatesse dans les traits;

d'élégance dans l'ensemble, de suavité dans le coloris. Elle ne produit rien, il est vrai, mais elle perfectionne tout. C'est un peintre qui copie fidèlement la nature et qui l'embellit en la copiant.

Justifions ces éloges par des exemples. D'abord présentons l'ouvrage de la nature, telle qu'elle le présente elle-même à nos regards, pour le considérer ensuite au verre concave, qui est pour nous l'organe de cette espèce de vue (1).

____

(1) J'aurais voulu pouvoir, dans le cours de cet ouvrage, exprimer par un seul mot ce que nous appellons *verre concave*, pour l'opposer à celui de *microscope*, par lequel nous désignons en général les *verres convexes*, autrement dits *loupes* et *lentilles*. Il est surprenant que pour ces derniers nous ayons plusieurs noms, et pas un seul pour les premiers. D'où peut venir cette différence ? Il

Vous êtes au milieu d'une belle campagne, vous en admirez les riants

---

me semble qu'il ne faut point en chercher la cause ailleurs que dans le mot *microscope* lui-même , dont la signification aurait dû le faire attribuer aux verres concaves plutôt qu'aux verres convexes.

En effet, *microscope* veut dire à la lettre *qui voit petit.* Cependant le propre de cet instrument, comme on le sait, est d'amplifier, et par conséquent de faire voir plus grand. Il est donc mal dénommé. On aurait dû l'appeller au contraire *mégoscope*, qui voit grand, caractère spécifique des verres convexes ou lenticulaires. Alors *microscope* se présentait de lui-même pour désigner les verres concaves, dont la propriété est de faire voir petit , en contractant plus ou moins le volume des corps. Voilà probablement pourquoi nous n'avons point de nom pour ces sortes de verres. Nous avons mal employé celui qui leur appartenait , et nous n'en avons plus à leur donner.

paysages : ce côteau , couvert d'un épais taillis dont la fleur dorée du genet relève la verdure : ce hameau ,

---

On me dira sans doute que *microscope* signifie aussi *qui voit* ou *fait voir les petites choses* , et qu'ainsi ce nom est bien fondé ; mais alors il faudrait donc, par opposition , que les verres concaves s'appellassent *mégascopes* , c'est-à-dire, *qui voit* ou *fait voir les grandes choses* , dénomination qui n'ayant point de rapport à leurs effets , ne peut aussi leur convenir. Au contraire , en substituant *mégascope* à *microscope* , et appliquant le premier aux verres ampliatifs et le second aux verres contractifs , les mots s'accorderaient alors avec les choses , et tout rentrerait dans l'ordre. C'est un changement que nous proposons à nos physiciens , sans oser nous-mêmes en donner l'exemple. Nous ne doutons point que leur autorité ne fût suffisante pour le faire adopter, et d'autant plus que la nécessité l'exige , que la qualité des effets optiques le justifie, et que le sens littéral des mots l'autorise.

entrecoupé de haies et de vergers :
cette longue prairie où paissent de
nombreux troupeaux : ce ruisseau
limpide, qui l'arrose en serpentant:
ces arbres touffus, dont la cîme s'élève
fièrement dans les airs : ce rocher,
d'où la vue se prolonge dans un immense lointain, et mille autres objets dont l'aspect n'a pas moins de
charmes.

Chaque partie de ce tableau, quelque belle qu'elle soit en elle-même,
va s'embellir encore par l'interposi-
tion d'une lunette contractive. Il se
fait à l'instant une révolution générale, mais sans aucun dérangement.
C'est le même ordre, la même disposition ; l'étendue seule n'est plus la
même, et tout paraît nouveau. Tout
est devenu plus agréable, en deve-
nant plus délicat. Une lumière plus
pure, plus amie de l'œil, se réflé-

chit de toutes parts. Les formes sont plus légères, les contours plus gracieux, les nuances plus fines sans être moins vives. Partout règne une aménité inexprimable. Chaque chose est, pour ainsi dire, plus finie, plus achevée, d'un goût et d'un travail plus exquis. Elle n'a diminué de volume que pour augmenter de perfection et d'agrément : semblable à ces ouvrages de l'art, qui ne se polissent et n'acquièrent plus de lustre sous la main de l'ouvrier, qu'en perdant de leur grandeur et de leur masse.

Ce ne sont pas seulement les objets les plus remarquables, qu'on aime à voir dans ce tableau, comme dans le précédent, ce sont encore les choses les plus indifférentes, auxquelles on ne daignait pas d'abord faire attention. Une simple branche flatte nos regards par la finesse avec laquelle son feuillage est découpé. La moindre plante nous intéresse et nous attache, par l'élégance de sa tige, par les graces répandues sur toutes les parties qui la composent. L'herbe même qu'on foule aux pieds, attire notre admiration. Chaque brin en est comme un fil de soie, qui en a la douceur et le moëlleux. Ce n'est plus du gazon sur lequel on se promène, on marche sur un tapis de velours.

Croirions-nous qu'une manière de voir si flatteuse, si agréable, ne fût qu'une illusion, qu'un prestige de l'art? Ne nous le persuadons pas. L'art n'a d'autre gloire que de nous l'avoir fait connaître: elle est antérieure à toutes ses expériences, et n'est pas moins ancienne que le monde lui-même. Il ne nous manquait qu'un organe propre à nous la découvrir. La vue ampliative, dont elle est l'opposé et comme le pendant, suffit pour en prouver l'existence. Ce sont deux extrêmes, dont l'un suppose nécessairement l'autre, comme le géant suppose le nain, comme le grand en général suppose le petit. Cette vue est donc l'ouvrage de la nature, qui en a doué par conséquent des êtres auxquels elle ne se présente que sous cet aspect. Avec des yeux ainsi conformés quelle doit leur paraître gracieuse et pleine de charmes! spectacle enchanteur! qui nous a fait faire plus d'un essai, sinon pour nous l'approprier entièrement, du moins pour la partager avec eux.

De-là, entr'autres inventions, cette machine ingénieuse, où la nature vient se peindre elle-même, non-seulement avec les couleurs qui la diversifient, mais encore avec le mouvement et la vie qui l'accompagnent;

où resserrant la plus grande étendue dans le plus petit espace, elle forme des tableaux si délicats et si parfaits, que nos Zeuxis et nos Appelle tenteraient envain de les imiter. Hommes et animaux, tout s'y meut, tout y agit. On les voit s'approcher, s'éloigner, changer de face et d'attitude. Les oiseaux voltigent sur les arbres, dont les cimes flexibles se balancent au gré des vents qui les agitent. Les poissons parcourent en se jouant le vivier qui les renferme. Ici le soleil étincelle dans le miroir des eaux ; là un nuage s'avance, le couvre et en éclipse le brillant éclat. En un mot, on peut dire que si ce n'est pas la réalité, c'est plus qu'une simple image (1).

____

(1) Cette machine assez connue, est ce qu'on appelle *la chambre noire.*

Mais quels que soient les effets de cette heureure invention , elle ne peut rien nous offrir que de morcelé, et par conséquent d'imparfait. Ce n'est qu'une copie fugitive de quelques parties d'un tout, dont les êtres auxquels le spectacle en est réservé, ont seuls habituellement sous les yeux le modèle et l'ensemble ; parties d'ailleurs moins propres à nous satisfaire par le peu qu'elles nous montrent, qu'à nous faire regretter ce qu'elles ne peuvent nous découvrir.

Un grand avantage de cette espèce de vue, c'est d'être également favorable et aux belles choses et à celles qui ne le sont pas. Elle donne de nouvelles grâces aux premières , et rend les secondes moins défectueuses. Combien de gens , après cela , desireraient qu'il n'y eût point d'autre manière de voir dans le monde ! Tel est le privilège des êtres qui l'ont en partage : tout se pare ; tout s'embellit pour eux : ce qui n'a pour nous aucun agrément, sait en acquérir pour leur plaire, ou même s'élève à un degré de perfection qui le fait admirer. Si l'on considère, en effet, avec l'œil de ces êtres, c'est-à-dire avec un verre concave, quelque mauvais tableau, il devient sur-le-champ une miniature pleine d'élégance et de légèreté. Une estampe grossière vous offre des traits dont la délicatesse serait digne du burin de nos plus illustres graveurs. Les caractères de l'impression la plus commune surpassent en netteté ceux même des Elzévirs.

De ces faits particuliers tirons une conséquence générale, et figurons-nous l'ensemble de l'univers, tel qu'il existe pour les êtres dont l'œil est ainsi organisé. Que de beautés ils découvrent où nous n'appercevons rien que de médiocre, ou même de désagréable! Une comparaison, en développant cette idée, la rendra aussi plus sensible. Voyez un de ces hameaux, répandus dans les campagnes : c'est en elle-même une chose assez peu digne de la curiosité et de l'attention d'un homme de goût; mais qu'un habile peintre le représente en petit, quoique fidèlement et au naturel, comme on se plaît alors à le considérer! le peintre cependant n'y a rien changé : ce sont les mêmes sîtes, les mêmes objets, le même coloris; il l'a seulement contracté, et cela seul en fait tout le charme et l'illusion. Il en est donc ainsi de l'univers pour ces êtres à l'œil contractif. Chaque partie en est pour eux beaucoup plus belle que pour nous, et d'autant plus , sans doute , qu'elle se contracte davantage. C'est dans leur vue que réside le pinceau qui répand sa douceur , pour ne pas dire sa magie , sur tout ce qui les environne. La nature y perd, si vous le voulez, de sa grandeur et de son étendue; mais qu'est-ce que la grandeur ? une relation , et rien de plus. La nature n'en est pas moins immense pour ces êtres que pour nous : tous les objets diminuant dans la même proportion , les plus grands conservent toujours également leur supériorité sur les plus petits. Cette montagne sublime du nouveau monde , qui passe pour la plus élevée qui soit dans les deux émisphères (1) , en s'abaissant à la

____

(1) *Chimbo-Raco* , dans la chaîne des Cordélières. Elle a , selon les dernières mesures , 3,350 toises d'élévation,

hauteur d'une coline , n'en est pas moins la reine des montagnes. Voulez-vous donc savoir quel est le volume de la terre sous cet aspect ? Réduisez le circuit de la France , ou même de l'Europe entière , à celui d'une seule de nos provinces , et jugez du tout par cette partie. Nos plans topographiques et nos paysages le plus finement gravés, le plus proprement enluminés, n'ont rien de si doux et de si gracieux.

Quoique nous ne soyons pas du nombre de ces êtres, pour qui la vue contractive embellit l'univers , nous avons cependant quelque part à ses beautés. S'il ne nous est pas donné de voir l'original lui-même , les arts au moins nous en offrent la copie. C'est en effet d'après les principes optiques de cette espèce de vue, que la peinture , que la gravure sur-tout exécutent les ouvrages qui font en ce genre l'ornement intérieur de nos-édifices.

Par ce moyen , nous transportons dans nos appartements les endroits les plus agréables des campagnes , avec leur verdure et leur ombrage ; les villes les plus remarquables des différents empires , avec leurs principaux monuments. De-là les tableaux plus ou moins réduits , et les estampes de toute espèce , qui nous représentent , ou les personnages célèbres qui ont illustré leur patrie, ou les événements de l'histoire et de la fable , ou les divers objets de la nature et des arts , source inépuisable d'instruction et de plaisir , dont nous serions privés sans le secours de la vue contractive.

Une observation , que chacun peut

avoir faite par soi-même, nous indique, à ne pouvoir nous méprendre, une des espèces d'êtres auxquels nous devons attribuer cette manière de voir. Lorsqu'on est sur une haute tour et qu'on regarde en bas, les hommes ne paraissent que des enfans.

A une hauteur double ou triple, ils seraient donc une ou deux fois plus petits encore. Que ne serait-ce pas si on la décuplait ? D'après cette expérience, nous pouvons donc prononcer que la vue contractive appartient sur-tout aux oiseaux de haut vol, dont l'œil embrasse des provinces entières, et qui, de la région même des nuages où ils s'élèvent, découvrent au-dessous d'eux de simples lézards et autres animaux aussi peu sensibles, dont ils font leur proie dans le besoin (1). Combien les plaines sur lesquelles ils dominent alors, doivent-elles, à une si grande distance, se contracter à leurs regards ? C'est là que se forme et se présente d'elle-même, avec tous ses charmes, cette délicieuse perspective que nous nous plaisions tout-à-l'heure à considérer dans un verre concave. Si l'imitation, quoique faible sans doute et bien imparfaite, en est si belle et si agréable, que ne serait-ce pas si nous pouvions voir et contempler le modèle lui-même! ainsi, par une singulière disposition de la nature, la vue ampliative est celle des plus petits êtres qui habitent sur la terre; et la vue

---

(1) Buffon, Discours sur la nature des oiseaux.

contractive est celle des plus grands
qui vivent dans l'air. Il est probable
cependant qu'elle n'est pour eux que
momentanée, et qu'ils n'en jouissent
qu'autant qu'ils soutiennent leur vol
dans sa plus grande élévation. Comme
elle doit se perfectionner à mesure
qu'ils s'élèvent, elle doit s'altérer de
même à mesure qu'ils descendent, et
s'évanouir enfin dès qu'ils passent les
limites qu'elle exige.

Cette espèce de vue suppose donc
d'autres êtres qui l'ont uniquement
en partage, pour lesquels elle doit
être circonscrite dans sa sphère, et
cesser d'appercevoir son objet, dès
qu'il n'est plus à sa portée. Il en est
en effet de chaque espèce de vue
comme de chaque espèce de lunette
qui lui correspond : elle a ses bornes
marquées, son point fixe, hors du-

quel la lumière se refuse à ses efforts et s'éteint pour elle.

S'il est vrai, comme tout nous porte à le croire, qu'il y ait des êtres qui ont l'avantage de voir la nature plus délicate et plus gracieuse que nous, peut-être en est-il aussi dont l'ouie a la propriété d'atténuer les sons et par là de les rendre plus agréables, soit en leur faisant perdre de leur dureté, soit en leur donnant un nouveau degré de douceur et d'harmonie; d'autres, dont le goût sait, pour ainsi dire, affiner les sucs des corps sapides, ou l'odorat extraire l'essence des émanations propres à le flatter (1).

---

(1) Pour ce qui est de l'ouie, elle pourrait être telle dans les poissons. L s vibrations de l'air sonore ne peuvent leur parvenir et affecter chez eux cet organe, que par les

Nous n'avons, à la vérité , aucun fait, aucune expérience, qui puisse suppléer chez nous à la faiblesse de ces

---

ébranlemens qu'elles communiquent aux particules de l'air subtil, disseminé dans l'élément qu'ils habitent. Or, cet air étant beaucoup moins dense que celui que nous respirons , il doit former aussi des sons plus fins et plus délicats, et faire ainsi à-peu-près pour l'oreille , ce que les verres concaves font pour l'œil. Un concert , entendu sous l'eau , aurait donc peut-être quelque chose de plus flatteur qu'en plein air , et par conséquent la musique pourrait avoir plus de charme pour les poissons que pour nous , si toutefois ils ont une ouie , proprement dite , comme nous l'avons remarqué ci-devant. On a vu des aloses accourir en troupe au son d'un violon , et témoigner leur plaisir en bondissant sur la surface de l'eau. On dit que l'esturgeon accourt de même , dès qu'il entend sonner de la trompette.

organes, et sur tout des deux derniers. L'étonnante variété de la nature en tout genre, est le seul motif qui puisse nous le faire présumer,
et ce motif n'est pas sans fondement.

Ce n'est pas que l'art ne soit aussi
venu, autant qu'il lui a été possible,
au secours de l'oreille, et n'ait ima-
giné quelques machines pour en éten-
dre l'empire. De-là les porte-voix,
pour fortifier les sons et les propager
au loin ; et les cornets microphoni-
ques, pour aider à percevoir ceux
qui sont trop faibles ; deux espèces
d'instruments, qui sont pour l'ouie ce
que les télescopes et les microscopes
sont pour l'œil ; les uns opérant à-
peu-près sur les vibrations de l'air,
ce que les autres opèrent sur les
rayons de la lumière. Mais poursui-

vons l'examen de notre problême, en considérant la nature sous un nouvel aspect.

ARTICLE III.

DE LA VUE MULTIPLICATIVE.

Cette espèce de vue, plus riche encore que les précédentes, va nous offrir aussi un spectacle beaucoup plus grand et plus magnifique. L'espace se dilate et s'étend : la nature, devenue plus féconde, donne l'existence à une foule d'êtres nouveaux, et multiplie toutes ses productions. Il semble que le monde, imparfait encore tel qu'il nous paraissait, achève de se développer, et d'étaler à nos regards les trésors inconnus renfermés dans son sein. Vous voyez un parterre entier, où vous n'apperceviez d'abord que quelques fleurs. De riants bosquets ont pris la place de quelques arbres isolés. Un petit terrain qu'une simple fontaine arrose, est une vaste plaine entrecoupée de nombreux ruisseaux.

Dans le ciel, c'est le même changement, la même métamorphose : tout s'est multiplié, tout s'est embelli. La solitaire Phébé ne paraît plus seule au haut des airs. Elle s'avance au milieu d'un grand nombre de compagnes qui l'environnent : ce sont comme autant de nymphes qui composent sa cour, et qui ne lui cèdent point en beautés. L'astre des bergers, l'étoile du soir, forme une admirable constellation, dont l'éclat éclipse celui des plus brillantes qui soient dans les deux hémisphères.

Pour vous représenter cette révolution par quelqu'image analogue, figurez vous ce que l'art opère dans

ces riches appartemens, chef-d'œuvres du luxe et du goût, où les murs
disparaissent sous les glaces qui les
couvrent, et n'en font presque plus
qu'un seul miroir; où les plus belles
personnes et le plus magnifiquement
parées, semblent disputer de richesse
et d'éclat avec le lieu même qui les
rassemble. Les lustres et les nombreux
flambeaux qui brillent de toutes parts,
se répètent mille et mille fois dans les
différentes glaces qui les représentent
avec tout ce qui les accompagne. Ce
n'est plus un seul appartement, une
seule assemblée, ce sont mille assem-
blées, mille appartemens réunis et
contigus, qui, sans aucune sépara-
tion qui les distingue, se prolongent
en autant de perspectives et de lointains inaccessibles. Les prodiges de la
puissance magique n'ont rien de plus
merveilleux: on se croit dans les pa-

lais enchantés d'Armide ou des fées. Tels sont les effets de l'espèce de vue dont nous parlons : ainsi se reproduit et s'amplifie l'univers aux regards d'un œil multiplicatif. Si la nature ne nous offre rien de semblable à ces merveilles de l'industrie humaine, ne nous imaginons pas qu'elles lui soient inconnues ; mais elle les opère par des voies plus simples et moins dispendieuses. Il ne lui faut pour cela qu'une certaine disposition dans l'œil du spectateur. Aussitôt paraissent, non mille appartements dans un seul, mais mille mondes dans un seul monde (1).

____

(1) Cet effet des miroirs, qu'on ne saurait trop admirer, est parfaitement décrit dans cette strophe de Lamotte, la meilleure peut-être qu'il ait faite.

Ces glaces, qui de la lumière
Augmentent encor les clartés,

Nous pourrions rappeller ici les raisonnements que nous avons faits en faveur des deux vues précédentes, pour les appliquer à celle dont il s'agit. Nous pourrions prouver de même qu'elle n'est pas purement factice, qu'elle appartient à la nature, qui en est le premier auteur, et à qui l'art en a, pour ainsi dire, dérobé le secret; que par conséquent il existe des êtres dont elle est la vue propre et particulière. Bien des raisons nous autoriseraient à le présumer; mais nous avons ici plus que des présomptions et des probabilités : nous avons des

Où, sans espace et sans matière,
De nouveaux corps sont enfantés;
Source inépuisable de l'être,
Dans leur sein fécond font renaître
Les lieux, les mouvemens divers;
Mobile et vivante peinture,
Où l'art, rival de la nature,
De rien fait un autre univers.

preuves incontestables, des preuves de fait.

Il est des êtres innombrables, qui nous sont connus et familiers, dont la vue est ainsi organisée ; auxquels la nature, par conséquent, doit se montrer aussi belle et aussi riche que nous venons de la décrire, pour ne rien dire de plus. Ce sont les différentes espèces de papillons et de mouches, dont les yeux à réseau ou à facettes, comme nous l'avont vu, sont de vrais *multipliants*, auprès desquels les verres qu'on appelle ainsi, sont à peine dignes de ce nom. C'est un fait, qu'une foule d'observations ne permettent pas de révoquer en doute, quelque surprenant qu'il soit. Des naturalistes ont compté distinctement sur la tête d'un seul de ces insectes, plusieurs milliers de ces facettes oculaires. Quel multipliant artificiel en com-

porterait seulement la centième partie ? et ce qui prouve bien que chacune
de ces facettes est un œil véritable et
complet , c'est qu'elle est pourvue
d'une cornée , d'un cristalin et d'un
nerf optique. (1) La pellicule qui en
est parsemée , enlevée adroitement,
et adoptée à un microscope, produit les
effets les plus curieux, qui en mani-
festent bien clairement aussi la vertu
multiplicative. Si vous la pointez vers
une lumière , vous voyez briller à
l'instant une des plus riches illumi-
nations. Un soldat forme seule une
armée entière , rangée en échiquier
et dans le plus bel ordre. Un diamant,
une pièce d'or , en produit une
foule innombrable d'autres , dont
la réunion nous offre , pour ainsi

____

(1) Expériences de Leuwenhoëk.

dire, toutes les richesses des mines de Golconde et du Pérou.

Avec quelle pompe et quel appareil la nature ne doit-elle donc pas se présenter à ces êtres qu'elle semble avoir voulu mettre au premier rang de ses spectateurs ! Quelle doit leur paraître immense, féconde, admirable ! Elle n'est pour nous, en comparaison, qu'un désert, où elle n'a répandu ses productions, qu'avec la plus grande parsimonie.

Arrêtons - nous ici à une conséquence qui nous paraît d'autant plus propre à fonder le problême que nous discutons, qu'elle peut équivaloir aux faits et aux expériences qui nous manquent. Puisqu'il y a des êtres connus, dont l'œil est effectivement multiplicatif, ne nous autorisent-ils pas à croire qu'il en est aussi chez qui cet organe a la propriété d'amplifier et de contracter? La réalité vérifiée de l'une de ces vues est pour nous un garant de la vérité présumée des autres, et qu'elles sont également existantes, également naturelles. Assurés que nous sommes, qu'entre ces manières de voir, il en est une où l'art a été prévenu par la nature, ne devons-nous pas en inférer qu'elle a sur lui le même avantage que dans les autres; et que dans celle-ci, comme dans celle - là, il n'a fait que l'imiter et la copier ? Concluons donc qu'elle avait des vues, non-seulement multipliatives, mais encore microscopiques et contractives, long-tems avant qu'il eût produit les siennes; qu'ainsi, il ne les a pas inventées, mais découvertes.

Cependant ne serait-il pas possible qu'avec leurs milliers d'yeux, ces mouches vîssent les objets simples,

4 *

et qu'ils ne fussent pas plus multipliés pour elles, qu'ils ne sont doubles pour nous ? Ce raisonnement, qu'on ne manquera pas de nous opposer, peut se fortifier encore par une nouvelle considération. C'est la confusion qui résulterait pour ces êtres de la multiplicité apparente d'une seule et unique chose, et l'embarras où ils seraient de la distinguer dans cette foule d'images qui lui ressembleraient si parfaitement.

Mais telle est la variété de la nature dans ses opérations, qu'on ne peut guère s'assurer de leur identité ou de leur différence, par voie d'analogie. Il lui est également facile et de nous montrer un objet simple avec cent yeux, et de nous le faire voir centuple avec un seul, comme on le verra bientôt. Ainsi, cette parité ne peut donner aucune atteinte au principe d'après lequel nous raisonnons. Si l'art en tout genre n'est que l'imitateur de la nature, cette dernière possède donc nécessairement le modèle de ses inventions. Or, puisque nous avons des vues artificielles qui multiplient la présence des corps, sans que l'habitude parvienne à la simplifier, il est donc aussi des vues naturelles qui opèrent la même chose. Pourquoi la nature aurait-elle muni ces insectes d'un si grand nombre d'yeux, qui tous ensemble n'équivaudraient qu'à un seul, et ne produiraient que le même effet? quelle fin se serait-elle proposée, et comment pouvoir l'expliquer? lorsqu'elle nous a formé cet organe double, son dessein n'est pas difficile à saisir; elle a voulu pourvoir ainsi à la conservation d'un sens qui nous est si cher et si précieux; afin que si, dans le cours de la vie, nous venions à perdre un œil, nous ne fussions pas pour cela privés de la lumière et des avantages de la vue. On ne peut dire la même chose de ces mouches. Fussent-elles exposées à cet espèce d'accident, la perte d'un œil ou même d'une centaine, ne serait rien pour elles. Le dessein de la nature à leur égard, n'est donc pas le même que pour nous.

Pour ce qui est de la prétendue confusion, occasionnée par la multiplicité d'un objet unique, il est facile de distinguer bientôt la réalité d'avec ces apparences. Il ne faut en effet qu'observer deux ou trois fois une chose quelconque avec un multipliant, pour s'appercevoir qu'elle en occupe invariablement le centre, et que les images qui la représentent et la répètent, sont répandues autour d'elle. Les êtres doués de cette espèce de vue, en se portant vers l'objet en droite ligne, ne peuvent donc manquer de le rencontrer et de l'atteindre.

D'ailleurs, pourquoi ne distingueraient-ils pas aussi facilement que nous, les véritables corps d'avec leur représentation? Dans ces brillantes salles dont nous avons parlé, où tout se reproduit et se multiplie sans fin, le moindre usage nous suffit pour n'être pas dupes de l'illusion. Il doit en être ainsi de ces insectes. Persuadons-nous que parmi les objets factices qui les environnent, ils ont pour se guider, un sentiment, un instinct qui leur est propre; aussi ne les voit-on point s'élancer imprudemment dans le miroir d'une eau limpide, qui semble leur offrir un libre passage, et nous indiquer, par cette méprise, que leur dessein était de pousser leur vol plus loin, c'est-à-dire, vers la région apparente où se dessinent les objets qui dominent au dessus. Quoiqu'il en soit, la nature, pour parvenir à ses fins, a mille ressources qui nous sont inconnues; et ces êtres, sans aucune erreur nuisible pour eux, doivent ainsi la voir sous l'aspect le plus riche et le plus imposant. Jugeons-en par quelques nouveaux exemples.

Si par hasard il arrive que l'astre qui nous dispense la lumière, se peigne dans quelques nuages propres à le réfléchir, et que le ciel alors nous offre deux ou trois soleils au lieu d'un, nous en sommes frappés comme d'une merveille que chacun s'empresse de voir et que les plus indifférents ne

peuvent s'empêcher d'admirer (1).
Que ne serait-ce pas, si ce phénomène
passager durait assez long-tems pour
que nous vissions ces différents soleils
fournir ensemble leur carrière, se
lever et se coucher les uns après les
autres? cependant, ce n'est là qu'un
foible diminutif du spectacle que
voyent habituellement nos êtres po-
lyophtalmes. Chaque matin s'élèvent
pour eux sur l'horison, une foule
prodigieuse de soleils, précédés d'autant d'aurores qui les annoncent, et
suivis le soir d'autant de crépuscules
qui leur survivent. C'est pour eux un
parhélie innombrable et perpétuel.

Il en est ainsi, dans son genre,
d'une belle place, d'un beau parterre.
Supposons un homme de goût, qui

____

(1) Cette espèce de météore s'appelle *parhélie*.

entrant pour, la première fois, dans le parc de Versailles, le verrait, par un subit changement de vue, cent fois plus étendu qu'il ne l'est réellement, par la répétition multipliée et parfaitement assorties de toutes lesbeautés qu'il renferme. Quel serait son étonnement et sa surprise! les pompeux éloges qu'on lui en aurait faits, les magnifiques descriptions qu'il en aurait lues, ne seraient pour lui qu'une esquisse infidèle et mesquine. Ou plutôt, supposons que ce moderne Elisée, fut de toutes parts enfermé de grandes glaces, qui se réfléchissant et se reproduisant sans cesse les unes les autres, avec tout ce qu'elles représenteraient, formeraient ainsi une plaine délicieuse et sans bornes, où se réunirait tout ce que l'art et la nature peuvent offrir à l'œil de plus agréable à voir. Tel, et plus admirable encore, se déploie le parc de Versailles aux regards de ce papillon, de cette mouche, qui s'y promènent librement comme dans leur domaine propre. Jamais le grand prince dont il est l'ouvrage, ne le vit aussi riche et aussi beau; lorsqu'il en forma le dessin, lorsqu'il le fit exécuter avec cette magnificence qui le caractérisait, il travailla donc en quelque manière beaucoup moins pour lui et ses successeurs que pour ces espèces d'êtres.

Tel il aurait paru à cet Argus aux cent yeux dont nous parlent les poètes, et que l'on peut regarder comme un emblême de l'espèce de vue dont il s'agit. Peut-être même pourrait-on inférer de cette fiction des anciens, qu'ils avaient quelque connaissance de cette manière de voir; car il ne faut pas croire qu'ils fûssent gens à s'imaginer qu'il pût exister un homme dont la tête fût effectivement couverte d'yeux, distingués les uns des autres. Cette fable pourrait donc n'être qu'une allégorie, par laquelle ils ont voulu nous faire entendre seulement que la vue d'Argus multipliait les objets au centuple ; qu'ainsi, il voyait cent fois mieux ou cent fois plus que les autres ; transportant à l'homme une qualité qu'ils avaient peut-être reconnue, ou vraisemblablement présumée dans quelques êtres.

Ce n'est pas que l'existence d'Argus, c'est à dire d'un homme dont la vue aurait été véritablement multipliative, soit par elle-même une chose impossible. On a vu des personnes à l'œil desquelles les objets s'offraient de manière à leur en faire voir quatre ou cinq au lieu d'un. (1) Il suffit pour cela que l'unisson des nerfs optiques vienne à se déranger comme il arrive quelquefois, soit dans la fièvre, soit dans l'ivresse, ou autre disposition semblable. Chaque chose alors paraît non seulement double, mais encore multipliée en très-grand nombre, et même à l'infini. L'œil de l'homme, tel qu'il est, n'est donc point incompatible avec la vue multiplicative. Et s'il n'en existe pas réellement, il pourrait donc au moins en exister, chez qui cet organe, sans ressembler aucunement à celui des mouches et des papillons, eût la même propriété et opérât les mêmes effets.

---

(1) Diction. des Merveilles de la Nature. Art. *Aimant.*

L'ingénieux auteur du Neutonianisme, à l'usage des dames (1), pourrait donc bien se tromper, lorsqu'il assure à sa belle disciple, qu'*Io* ne paraissait pas plus multipliée aux regards d'Argus, que Galatée à ceux de Poliphêne ; ce qui veut dire qu'avec cent yeux ; on ne voit rien de plus qu'avec un seul. Le goût dominant de la nature pour la variété, est un grand argument contre son assertion, singulièrement diversifiée dans ses ouvrages de toute espèce, n'aurait-elle cessé de l'être que dans la vue seulement ?

Mais s'il est probable, pour ne rien dire de plus, qu'il existe des vues multipliatives, et par conséquent des

____

(1) Algaroti.

êtres qui les possèdent, peut-on conjecturer la même chose des autres sens, du moins de l'ouie ? car pour l'odorat et le goût , ils nous semblent incapables de comporter une sensation aussi compliquée. Un organe qui, dans le même instant, nous donnerait la perception de cent odeurs ou de cent saveurs parfaitement semblables, dans une même fleur ou dans un même fruit, est une chose que l'esprit ne peut admettre que difficilement (1). Il n'en est pas ainsi

---

(1) Ce qui nous paraît impossible en ce genre , pourrait cependant ne l'être pas à la nature. L'histoire des polypes suffit pour nous faire au moins suspendre notre jugement à cet égard.

On sait que si l'on prend un de ces anide l'oreille ; elle serait susceptible de plusieurs tympans, comme l'œil de

---

maux, appellés *polypes à bras*, et qu'on le fende par le haut en cinq ou six parties, par exemple, il produira en peu de tems le même nombre de têtes. Chacune de ces têtes deviendra également double, si on la refend elle-même en deux. Bornons-nous à cette division qu'on pourrait pousser plus loin. Voilà donc un seul et unique animal avec douze têtes, se nourrissant en conséquence par douze bouches. Supposons que chacune de ces têtes soit pourvue, non seulement des sens de la vue et de l'ouie, mais encore de ceux de l'odorat et du goût. L'animal, flairant une chose ou la goûtant de ses douze têtes à-la-fois, aurait donc en même tems douze fois la même sensation, ou, ce qui est la même chose, douze sensations uniformes et simultanées dans chacun de ces deux sens, comme il verrait le même objet et entendrait le même son douze fois dans le même instant.

plusieurs facettes , et par là, pourrait multiplier les sons , comme ce dernier multiplie les corps. Elle , pourrait aussi être composée de plusieurs cordes pareilles à celles qui forment l'ouie dans les grenouilles, et qui pouvant se tendre plus ou moins au gré de l'animal, lui sert à recevoir les vibrations de l'air; mais nous ne sommes pas fondés ici, comme ailleurs, à présumer les œuvres de la nature par les inventions de l'art. Nous n'avons aucune machine auriculaire qui nous fasse entendre dix flûtes , par exemple , ou dix violons pour un. Nous connaisons, à la vérité , quelques phénomènes analogues ; ce sont certains échos, qui, au lieu d'une voix ou d'un son , nous en réfléchissent plusieurs, quelquefois même une suite nombreuse ;

comme celui d'un château près de Milan, où le bruit de l'explosion d'une arme à feu se réitère près de quarante fois (1). Mais ce ne sont là que des voies successives, et non des voix simultanées et coéxistantes dans l'organe qui en est frappé.

S'il est des êtres dont l'ouie soit ainsi conformée, comme il pourrait y en avoir, vû la prodigieuse variété de la nature en tout genre, c'est pour eux surt out que sont faites les beautés de la musique, les charmes de l'harmonie. Une seule voix, un seul instrument, équivaut pour eux à une foule de voix et d'instrumens réunis, mais si parfaitement d'acord et tellement à l'unisson, que nous n'avons

---

(1) Le chateau de *Simonette.*

rien en ce genre qui puisse en approcher. Ils distinguent cent ramages
dans le ramage d'un seul oiseau, cent
musettes dans la musette d'un seul
berger. Quel plaisir pour un amateur
qui serait ainsi organisé, d'entendre
un brillant concert, exécuté par l'é-
lite des Amphions et des Sirènes de
notre âge!

Il est vrai que les sons désagréables
se multipliant de la même manière
à l'oreille de ces êtres, il doit en résulter pour eux un désagrément proportionné au plaisir que leur procurent les sons doux et flatteurs. Quel
épouvantable fracas, par exemple,
ne doit pas faire pour eux le tonnerre,
lorsqu'il gronde, lorsqu'il éclate fortement? Ainsi, dans un orage, l'être
à l'œil multiplicatif, voit mille éclairs
pour un seul coup de tonnerre qu'il
entend; et l'être à l'ouïe douée de la

même faculté , entend au contraire
mille coups de tonnerre, pour un
seul éclair qu'il voit briller.

ARTICLE IV.

DE LA VUE PRISMATIQUE.

Les couleurs sont, sans contredit, le plus bel ornement et la première des grâces de la nature. Sans les couleurs, elle n'a ni charmes, ni attraits : elle est nue, et pour ainsi dire morte. Ce sont les couleurs qui, en l'embellissant, l'animent et la vivifient.

Une vue conformée de manière à multiplier ces couleurs, à leur donner plus de fraîcheur et d'éclat, à les répandre largement sur tous les objets, se ferait donc avantageusement distinguer entre les autres. Telle est la vue prismatique. C'est en sa faveur que la lumière prodigue ses plus bril-

lants trésors. Aussi n'est il personne
qui n'en soit frappé, qui n'en admire
la richesse et la magnificence.

Si par hazard quelqu'un ne con-
naissait pas ce phénomène, qu'il se
figure les couleurs de l'arc en-ciel,
non passagères, mais fixes et perma-
nentes, répandues sur toute la nature. Il aura une idée des merveilles
que présente la vue prismatique aux
regards des êtres qui l'ont en partage.
Tout charme, tout ravit dans cette
manière de voir : rien d'indifférent,
rien de méprisable. Les moindres
herbes égalent nos plus belles fleurs :
les buissons disputent d'agrément
avec les rosiers. Si vous considérez
un arbre, quelqu'il soit, il n'est point
de climat qui en produise d'aussi
beau. Le tulippier, le cytise des Alpes, le gaînier, réunis et confon-
dus ensemble, ne peuvent lui être

comparés. Ses rameaux n'offrent plus
une verdure continue, comme auparavant; c'est une admirable variété
de couleurs et de nuances de toute
espèce. Non-seulement chaque branche, mais encore chaque feuille est
bordée d'une riche frange d'or, de
pourpre, d'azur ; si les vents en dé-
tachent quelqu'une, on croit voir
voltiger un des brillants papillons de
Surinam ou de la Chine. Parmi les
tapis les plus précieux de la Perse, il
n'en est point qui puisse égaler celui
que présente un champ inculte et sté-
rile, parsemé de mousse et de plantes
sauvages. Il vous retrace l'image de
ces tableaux formés des plumes artistement entremêlées de nos colibris
et de nos oiseaux-mouches, où le vif
émail de ces prairies, que le soleil,
après une pluie de rosée, peint des
plus belles couleurs, et sur la ver-

dure desquelles il déploie toutes les richesses de l'arc superbe qu'il décrit dans les nues (1).

---

(1) Cet arc, dans les prairies, est même, en quelque manière, plus beau que dans les nuages. Quiconque ne l'a pas vu dans cette position, surtout vers l'heure de midi, ne connaît point encore tout ce qu'il a d'admirable. Le fond vert et gracieux par lui-même, sur lequel il est alors appliqué, lui communique de nouveaux charmes, que ne peut lui donner le gris obscur des nuées qui le réfléchissent. Les gouttes de rosée, pures et limpides, semblables à autant de perles répandues sur la surface de l'herbe, augmentent merveilleusement, par ces qualités, le brillant et l'éclat de ses couleurs. Fixes et immobiles, parfaitement sphériques, sans aucun mélange, du moins apparent, de vapeurs étrangères, on sent combien elles doivent être plus propres à briser et diviser la lumiere, que la pluie d'un nuage, composé de mille exhalaisons

- La nature posséderait-elle tant de trésors , sans en faire usage? les aurait - elle , pour ainsi dire, enfouis dans son sein , pour n'en permettre

----

différentes , dont les grains , dans leur chûte précipitée , s'agitent et se déforment , interrompent et confondent ainsi les couleurs qu'ils nous transmetent. Le soleil , au milieu de sa carriere , darde par conséquent alors ses rayons avec bien plus de force qu'à son lever ou à son déclin. Aussi chaque couleur est-elle beaucoup plus vive et plus animée , chaque nuance plus sensible et parfaitement bien fondue. Tout concourt donc à donner l'avantage et la supériorité à l'arc des prairies. Mais sans être rare par lui-même , on le voit cependant assez rarement. Il faut qu'un heureux hasard nous fasse saisir le moment où il brille ; que pour cela il nous place sur un lieu éminent , et dans le point de vue nécessaire pour l'appercevoir.

la vue à aucun être , et s'en priver ,
par conséquent, elle-même? que di-
rions-nous d'une reine qui aurait les
plus beaux habillemens, les parures
les plus riches , non pour s'en servir ,
mais pour les cacher dans quelques
lieux obscurs , d'où personne n'ap-
procherait ? Tel serait le procédé absurde de la nature , si elle n'avait
produit aucune espèce d'êtres , pour
jouir du magnifique aspect sous lequel le prisme nous la découvre. Il
doit donc en exister, qu'elle a favorisés de cette manière de voir ; auxquels mêmes elle doit paraître beaucoup plus belle encore , s'il est vrai ,
comme on n'en peut douter, que l'art,
bien inférieur à la nature, ne la copie aussi que très - imparfaitement.
Cependant que de beautés ne nous
offre-t-il pas en ce genre !

Nous regardons quelquefois avec plaisir les nuages qui environnent le soleil à son coucher , et dont les contours dorés se peignent d'incarnat. Nous ne considérons pas avec moins d'intérêt ceux que l'aurore vermeille embellit le matin de sa présence, et sur lesquels , comme disent les poètes , elle répand les rubis et les roses à pleines mains. Pour des yeux prismatiques ce n'est rien. Non - seulement ces nuages , mais encore tous ceux qui sont dispersés dans le vague des airs , sont enluminés pour eux des couleurs les plus variées. Les astres même de la nuit ne brillent plus d'un éclat uniforme. Leurs feux sont colorés, et les rayons qu'ils nous lancent sont autant de traits détachés de l'Iris.

Il faut voir sur-tout , sous ce point

de vue, un ciel orageux, couvert de
nuages confusément épars, d'où sortent mille éclairs qui en sillonnent
l'étendue de divers points opposés.
C'est un spectacle qui , bien loin
d'inspirer de l'effroi , n'a rien que d'a-
gréable. A chaque éclair, ces nuages
sombres réfléchissent les plus vives
couleurs , dont il paraissent richement émaillés. Ces couleurs et les
nuances qui résultent de leur mélange , redoublent sans cesse d'éclat
et de vivacité, éblouissent les regards
et les enchantent. Ces éclairs eux-
mêmes ne sont plus de simples jets
de lumière , ce sont des flammes diversement colorées , qui s'élancent
rapidement dans les airs ; qui tantôt
se croisent et s'entrelacent , tantôt
s'unissent ensemble, pour ne faire
qu'une seule pièce. C'est une parfaite

représentation de ces brillants mé-
téores , qui , dans l'absence du soleil, procurent aux peuples voisins
du pôle , des phénomènes si intéres-
sants et si curieux. Des feux de mille
couleurs et de mille formes, éclairent
le ciel et traversent l'athmosphère de
toutes parts. De-là, au rapport de nos
voyageurs , des nuits si belles qu'elles
font oublier la douceur de l'aurore
et l'éclat du midi. A chaque instant,
ces feux changent de forme et de
couleur, de mouvement et de direction. Ici ce sont de riches tapisseries
d'un rouge cramoisi , là de magnifiques drapeaux qui flottent en longs
replis , et qui dans leurs ondulations,
déploient successivement de nouvelles teintes et de nouvelles nuances ;
ailleurs des espèces de chars enflam-
més , et mille autres figures que la

plus savante pyrotéchnie ne saurait imiter (1).

L'histoire nous vante le superbe vaisseau de Cléopatre, le plus pompeux qui ait peut-être sillonné le sein des eaux , depuis l'origine de la navigation. La proue et la poupe en étaient couvertes d'or , la soie en formait les différents cordages: des rames d'argent fendaient les ondes, au son des voix et des instrumens : des voiles de pourpre emprisonnaient les vents. Par-tout, au de-dans et au-dehors , brillaient les plus belles peintures et les couleurs les plus éclatantes. Au milieu paraissait , sur un trône en forme de lit, cette princesse, habillée en Vénus, et fiere de ses at-

---

(1) Cette espèce de météore est ce qu'on appelle *aurore boréale*.

t traits , environnée des plus belles
t femmes et des plus beaux enfants,
r représentant les Grâces , les Nym-
t phes et les Amours. Les peuples res-
pectueux accouraient sur son passage,
et la prenant pour la déesse même de
Cythère , lui rendaient aussi les mêmes honneurs.

Le moindre des vaisseaux d'alors ,
vû avec un œil prismatique, eût suffi
pour effacer ce magnifique appareil.
S'il eut été possible de les voir l'un
après l'autre , ne doutons point que
ce dernier n'eût encore plus excité
l'admiration , et fixé sur lui tous les
regards. C'est une similitude par
laquelle il est à croire que l'écrivain
à qui nous devons ce détail (1), n'aurait pas manqué de finir sa descrip-

____

(1) Plutarque.

tion, s'il en eût eu l'idée. C'était le trait le plus propre à en relever l'éclat. Est-il en effet un peintre qui puisse appliquer sur un vaisseau des couleurs comparables à celle du prisme? Les soies le mieux assorties et le plus habilement nuancées , donneraient-elles aux cordages le même lustre? les étoffes les plus précieuses formeraient-elles des voiles aussi brillantes? Représentons - nous ce vaisseau voguant sur les plaines liquides , qui en réfléchissent toute les richesses et les beautés; qui les reproduisent dans chaque flot qui s'élève, dans chaque gerbe, dans chaque goutte d'eau que les rames font jaillir. Quel spectacle éblouissant! que l'œil qui le contemple doit en être vivement frappé!

Un des plus beaux aspects sous lesquels la nature se présente à nous chaque année , est sur-tout celui du

printems. Savez-vous, demande le naïf
Lafontaine :

> Savez-vous pour quelle raison
> Vous trouvez que la saison
> Des Zéphirs est la plus belle?
> C'est parce qu'elle est nouvelle.

Dans la question présente, on peut dire avec plus de fondement encore : c'est que la nature alors est plus riche en couleurs, et qu'ainsi elle approche plus de l'état où le prisme nous la fait voir. Point de saison pour cela où les campagnes nous paraissent plus agréables et plus riantes. La multitude, la variété des fleurs de toute espèce qui les embellisent, en forment comme un parterre immense, sur lequel la vue se repose avec plaisir, de toutes parts. Mais, quelque frais, quelque gracieux qu'en soit l'émail, qu'il est faible et peu sensible en comparaison des vives couleurs dont le monde prismatique est décoré! rapprochez les lieux les plus renommés pour leur agrément chez les anciens et modernes, les célèbres roseraies de *Pæstum*, les délicieuses vallées de *Tempé*, les champs fleuris *d'Enna*; ou plutôt réunissez ce que les plus belles contrées de l'univers peuvent offrir de beautés naturelles, leur ensemble n'égalera pas celles que présentent à un œil prismatique la région la plus inculte et la plus sauvage.

Il semble, à la vérité, que cette espèce de vue devrait exiger de la part de l'œil une conformation particulière et approchante de celle du prisme. Mais peut-on supposer des êtres dont l'œil soit triangulaire ou à peu près? S'il en existait, cette singularité ne nous les aurait-elle pas fait remarquer depuis long-tems? C'est u une réflexion qu'on ne manquera pas de faire, et qu'il est bon de prévenir ici. Nous allons voir que la nature a différents moyens pour opérer les mêmes effets, et que par conséquent il faut être fort réservé à lui prescrire des bornes à cet égard.

D'abord, il pourrait exister des êtres dont l'œil fût effectivement triangulaire sans qu'il le parût à l'extérieur. On a observé que l'œil de l'autruche, par exemple, prend de lui-même cette forme, dès-qu'il est extrait de sa cavité. Affecte-t-il la même disposition dans l'animal vivant? c'est ce qu'on ignore, mais la chose n'est pas impossible, elle est même assez vraisemblable. Si cette condition suffisait, l'autruche pourrait donc avoir la vue prismatique.

Mais cette forme n'est aucunement nécessaire, puisque l'œil même de

l'homme est susceptible de cette espèce de vue. On ne se le persuaderait
pas, si nous n'avions des expériences
qui le démontrent. C'est du moins
ce qu'on peut conclure d'un fait
rapporté par M. Valmont de Bo-
mare (1). « Une personne à qui on
avait inséré dans l'oreille un forbicin
ou perce-oreille, en éprouva, dit-il,
les plus vives douleurs. Tantôt elle
courait se plonger la tête dans l'eau
pour se soulager, tantôt elle saignait
au nez, et s'imaginait voir un *Arc-
en-ciel.* » Son œil faisait donc alors
les fonctions d'un prisme. Or ; si
l'œil humain peut devenir prismatique sans changer de forme, et
par une simple disposition des fibres
optiques, causée par quelque léger
ébranlement, qui pourra nier que la

---

(1) Diction. d'Hist. nat. art. *Perce-oreille.*

nature ne puisse d'elle-même donner à cet organe la même disposition , et qu'elle ne l'ait fait en faveur de quelques êtres ? Pour leur faire voir l'univers embelli de toutes les couleurs de l'Iris , elle n'a donc pas besoin de changer en eux la forme extérieure de l'œil. Il lui suffit d'une modification insensible dans son mécanisme intérieur. Nous disons *insensible* , car s'il eût été possible d'avoir à la main l'œil de cette personne, dans l'instant qu'elle voyait cet arc-en-ciel , et de le considérer avec attention , il n'aurait sans doute rien offert d'extraordinaire. Il faut à l'art grossier beaucoup d'appareil, pour nous procurer une nouvelle manière de voir ; mais la nature, infiniment plus intelligente ; a des secrets plus simples , qui ne sont connus que d'elle seule , et qu'il nous est impossible d'imiter.

Disons la même chose des autres espèces de vues naturelles et artificielles. Le fait ci-dessus nous indique assez qu'il ne faut pas opiner du mécanisme des unes par celui des autres, ni des procédés de la nature par les opérations de l'art, quoique le résultat en soit le même. Souvent, de deux personnes qui se promènent ensemble, l'une voit de très-loin, et l'autre a la vue extrêmement bornée. L'œil de la première, comparé à celui de la seconde, est un vrai télescope, qui lui fait découvrir ce qui est tout-à-fait inaccessible pour celle qui l'accompagne. Si, après cela, on allait se figurer que l'organisation de la vue dans ces deux personnes est aussi différente que celle de l'œil et d'un télescope, on serait dans une grande erreur. La cause qui produit des effets si différens, est en elle-même, comme on le sait, bien peu de chose. Nous devons donc croire aussi que la nature n'a pas des voies moins simples pour donner à un œil la vertu de séparer les rayons de la lumière, et le rendre prismatique.

Pour ce qui est des êtres doués de cette manière de voir, il serait possible que les mouches, les papillons et les insectes analogues, fussent de ce nombre. Une propriété des verres à facettes, qui sont, comme nous l'avons dit, une imitation des yeux à rézeau, nous donne lieu de le conjecturer. Ces sortes de verres colorent quelquefois les objets, en même tems qu'ils les multiplient. Les yeux de ces mouches, qui ont avec eux tant d'analogie, pourraient donc faire aussi la même chose. D'ailleurs, pourquoi ces facettes oculaires, qui, vues au microscope, réfléchissent de si belles couleurs, ne les transmettraient - elles pas aussi à l'animal qui en est pourvu? ce qu'elles opèrent au-dehors, pourquoi ne l'opéreraient-elles pas dans l'intérieur? En le supposant, il s'en suivrait que ces insectes réuniraient trois différentes vues à-la-fois: l'ampliative ou microscopique, la multiplicative et la prismatique. Ce serait beaucoup, à la vérité, et cela même doit nous faire hésiter à le croire, encore plus à l'affirmer, du moins de cette dernière espèce de vue. La nature, en effet, libérale et magnifique en général, est cependant économe dans le partage qu'elle fait de ses dons; elle les distribue avec sagesse entre les différens êtres qu'elle en favorise. Nous ne pouvons donc déterminer d'une manière précise quels sont ceux qu'elle a doués de la vue prismatique, quoique nous ne doutions point de leur existence.

Espérons des progrès de la physique
et de l'histoire naturelle , que nous
parviendrons un jour à les découvrir,
ainsi que bien d'autres choses qui nous
sont également inconnues (1).

----

(1) Pour ce qui est des couleurs , il est
singulier que la nature ait , pour ainsi dire ,
affecté de répandre ce qu'elle a de plus brillant sur des êtres bien peu dignes , en apparence , de son choix , c'est-à-dire , sur de
vils insectes , issus de chenilles hideuses et
de vers méprisables. C'est ce qu'on voit dans
certaines mouches, dans les papillons sur-tout,
qui , par l'éclat et la richesse de leurs aîles ,
sont , à quelques espèces d'oiseaux près , ce
qu'on peut voir de plus beau à cet égard. Il
en est sur lesquels l'or , l'argent , le nacre ,
réunis aux plus belles nuances , forment un
coup-d'œil si brillant , qu'on ne peut les voir
sans les admirer. L'Europe est la moins riche
en ce genre. Ce n'est pas qu'elle ne fournisse
plusieurs espèces de papillons , dont la beauté
mérite de fixer nos regards , mais ils sont

bien inférieurs en général à ceux des Indes, de la Chine, de l'Amérique sur-tout, et de la rivière des Amazones. Ces derniers, par leur grandeur, ont l'avantage de déployer avec plus de pompe encore que les autres, toute la richesse et la magnificence des couleurs dont ils sont revêtus. Aussi une belle collection de ces insectes, disposée avec goût; comme dans les cabinets de nos curieux, offre-t-elle le plus beau coup-d'œil; c'est un tableau digne de la vue prismatique.

Il en est ainsi des fleurs, dont l'éclat aussi vif que varié, ne nous flatte pas moins agréablement. Ce ne sont que de simples herbes, de viles plantes, que la nature en a décorées et sur lesquelles elle s'est plû à le répandre avec profusion. Elle semble avoir pris, pour les enluminer, le même pinceau que pour les papillons : les unes ne sont pas moins richement étoffées que les autres. Aussi l'émail d'un brillant parterre n'est-il pas une chose moins belle à voir qu'une riche collection des insectes dont nous venons de parler. Dans l'un et l'autre genre, la vue prismatique ne peut rien faire éclorre de plus éclatent. Il y a cependant ici une différence ; c'est que la beauté des papillons est l'ouvrage de la nature seule, au lieu que l'art et les soins de l'homme contribuent beaucoup à celle des fleurs.

————✳————

ARTICLE V.

DE LA VUE TÉLESCOPIQUE.

Toujours fondés sur le même principe, que l'art ne produit rien que d'après la nature, et que les plus belles inventions dont il se glorifie, ne sont que de simples découvertes de choses existantes avant lui, nous continuerons aussi d'en déduire les mêmes conséquences. Puisqu'il y a des télescopes artificiels, nous conclurons donc qu'il en est aussi de naturels, et que, par conséquent, il existe des êtres qui ont naturellement cette manière de voir ; dont les yeux sont aussi des longues-vues animées, des télescopes vivans.

En effet, si cette espèce de vue était purement factice, si ces êtres n'avaient qu'une existence imaginaire, l'art ne serait plus imitateur et dépendant, puisque l'idée de ses ouvrages , ainsi que leur exécution, lui appartiendrait en propre, et que le modèle n'en serait nulle part. Disons plus : il serait même supérieur à la nature, puisqu'il en passerait les bornes et les limites, en formant de nouveaux organes, beaucoup plus parfaits que les siens, puisqu'il la soumettrait à son empire, en donnant de nouvelles lois à la lumière et aux élémens en général, pour leur faire produire des effets, qui, sortant de l'ordre qu'elle aurait établi, seraient, par conséquent, surnaturels. D'ailleurs les divers aspects de la nature supposent différentes classes de spectateurs ; l'existence des uns nous répond de celle des autres. Nous de-

vons donc regarder la vue du télescope comme une vue qui, factice
pour nous, est naturelle pour d'autres
êtres. Tout ce que nous n'appercevons qu'à l'aide de cet instrument,
est naturellement visible pour eux.
Après cela, nous pouvons nous former une idée du spectacle qui s'offre
à leurs regards.

Quel changement dans le monde
astronomique sur-tout! La lune n'est
pas seulement pour eux une espèce
de glace circulaire et lumineuse, pla-
cée au-dessus de l'atmosphère; c'est
de plus, une île aërienne et mobile,
où ils découvrent des montagnes et
des plaines, des forêts et des mers (1).

---

(1) Du tems de Fontenelle, ces mers étaient
liquides, du moins on le pensait ainsi; la lune
avait même ses habitans. Aujourd'hui, si l'on
en croit l'auteur des *Époques de la Nature*,

Les autres planètes, dont l'aspect est
uniforme pour nous, varient sans
cesse pour eux : ce sont autant de
lunes particulières, qui ont chacune
leur croissant, leur plein et leur dé-
cours périodiques. Quelques-unes,
plus remarquables, ont sous leur do-
mination d'autres lunes inférieures,
qui sont pour elles comme autant de
gardes et de satellites, ou pour mieux
dire, comme autant de fanaux et de
réverbères, qui brillent et disparaissent, s'éteignent et se rallument successivement. Toutes les constellations
dont le firmament est parsemé, redoublent d'éclat par les nouveaux
feux dont elles étincellent, et qui ne

---

et ceux qui ont adopté son système, ces mers
sont entièrement gelées : il ne subsiste plus
dans la lune aucun être vivant. L'excès du
froid en a exterminé le germe de la vie.

sont pas de simples apparences , de brillantes illusions , comme pour les êtres à l'œil multiplicatif ; mais de vrais flambeaux , des astres réels, qui ne nous échappent que parce que la faiblesse de nos regards ne leur permet pas de plonger assez profondément dans l'espace pour les atteindre. Au lieu de cette bande lumineuse, à qui sa blancheur a fait donner le nom de *voie lactée* , ils découvrent une pépinière innombrable de petits soleils amoncelés les uns sur les autres ; en un mot , c'est pour ces êtres privilégiés que le ciel déploie avec pompe toutes ses richesses et ses merveilles. Ce que nos astronomes , armés de leurs meilleures lunettes , ne peuvent appercevoir qu'avec beaucoup d'application , ils le voient sans peine et sans effort ; non par intervalle et pour ainsi dire à la dérobée ,

comme eux , mais habituellement ;
non depuis quelques siècles , mais depuis que le monde existe.

Ce n'est pas le seul avantage qu'ils
aient sur nos Gallilée et nos Cassini.
Comme les organes formés par la nature sont bien supérieurs à ceux que
l'art fabrique par imitation, ces êtres,
quels qu'ils soient, doivent aussi voir
les mêmes objets d'une manière beaucoup plus claire et plus distincte , et
même porter leurs regards beaucoup
plus loin encore. Il serait donc possible qu'ils découvrissent d'autres planètes , d'autres astres , d'autres co-
mètes , qui seront éternellement ca-
chés pour nous ; peut-être leur est-il
donné de suivre ces dernières dans le
cours entier de leur révolution sans
les perdre de vue.

Jugeons par le spectacle que le ciel
présente à ces êtres , de celui que la

terre peut leur offrir. Quel vaste circuit doit embrasser leur vue, lorsque
rien de trop éminent ne l'intercepte
et ne la borne ! Si nous les connaissions, ces êtres, nous ne pourrions
nous empêcher de les estimer heureux
à cet égard. Est-il quelqu'un, en effet, qui ne s'applaudît et ne se félicitât
de voir à plusieurs lieues aussi distinctement qu'à quelques pas ?

Supposons un de ces êtres sur quelque point élevé, d'où l'horison paraisse à découvert de toutes parts,
sur le sommet de quelque haute tour,
ou, si on l'aime mieux, dans un bal-
lon qui planerait au haut des airs par
un tems calme et serein. Quel riche,
quel immense tableau viendra s'offrir
à lui ! Tout ce qu'un œil ordinaire,
dans la même position, ne ferait qu'entrevoir faiblement, dans un lointain
obscur et nébuleux, deviendrait clair

et lumineux pour lui. Dans les provinces les plus éloignées, il distinguerait sans la moindre confusion, et les villes qui les décorent, et les plaines qui les enrichissent, et les rivières qui les arrosent. Ce fameux Lyncée, dont les poètes ont célébré à l'envi la perspicacité, et qui n'est peut-être qu'un emblême dans son genre, comme Argus dans le sien, ne serait qu'un myope en comparaison.

Comme les lunettes dont se servent quelques personnes, supposent qu'il en est d'autres qui, pour voir clair, n'ont aucun besoin d'un pareil secours, la vue télescopique artificielle suppose de même des êtres qui en sont naturellement doués. Mais quels sont ces êtres dont l'œil est ainsi organisé? ils nous sont inconnus, nous ne pouvons que présumer leur existence. Tâchons cependant de les découvrir , s'il est possible. Pour cela , assurons-nous d'abord de leur élément.

Un grand obstacle pour cette espèce de vue , c'est la figure même de la terre , dont la convexité ne lui permet pas de faire usage de toute son étendue. Si elle n'était qu'un planisphère, comme se le persuadaient quelques anciens philosophes, alors un œil télescopique , du haut d'une colline ou d'un belvéder , atteindrait facilement à des centaines de lieues. Les peuples qui habitent les deux bords de la méditerranée , par exemple , pourraient alors , en leur supposant cette manière de voir , se considérer facilement les uns les autres sur leurs rivages , se parler par le moyen des gestes , dont le langage suppléerait à celui de la voix , se communiquer ainsi , de part et d'autre , les nou-

-velles intéressantes, se donner même
réciproquement des spectacles de pan-
tomimes.

D'après cette considération, nous
pensons que c'est parmi les habitans
de l'air qu'il faut chercher ces êtres
à longue-vue. Nous avons quelques
indices que les aigles pourraient être
de ce nombre. Personne n'ignore que
ces oiseaux ont la vue si perçante,
qu'ils découvrent leur proie à de très-
grandes distances. Cela posé, le caractère de leur vue doit les porter à faire
leur demeure sur les lieux les plus
élevés ; aussi les aigles choisissent-
ils de préférence leur habitation sur
les montagnes. C'est de là que leurs
regards s'étendent librement aux extrémités de l'horison, et qu'ils peuvent les prolonger encore, en s'éle-
vant beaucoup plus haut, à l'aide de
leurs ailes.

Il est donc probable que les aigles découvrent sans peine les satellites de Jupiter et de Saturne, dont nous avons si long-tems ignoré l'existence ; qu'ils les voient circuler autour de ces planètes ; que les éclipses en sont même visibles pour eux. Au lieu des sept étoiles qui nous paraissent former la grande Ourse, ils en distinguent au moins cinquante-quatre, comme nos astronomes avec leurs télescopes. Ainsi nous construisons à grands frais des observatoires, nous empruntons le secours de mille instruments divers, pour entrevoir dans le ciel des curiosités qui s'offrent d'elles-mêmes à ces oiseaux (1).

----

(1) Il est à remarquer que l'œil de l'aigle est très-enfoncé dans son orbite, qui forme ainsi une espèce de tube, dont il fait peut-être les fonctions.

Dans la persuasion où nous sommes
que ce grand spectacle n'est fait que
pour nous seuls, nous nous applau-
dissons de nos connaissances en ce
genre, comme si nous avions, pour
ainsi dire, forcé la nature à nous découvrir ses secrets, en franchissant
les bornes qu'elle nous avait prescrites.
Et cependant un aigle, privé de nos
facultés intellectuelles, un aigle,
borné au seul instinct, n'en voit pas
moins que nous, et peut-être plus.
D'un regard il parcourt tous les phénomènes célestes, que nous ne pouvons contempler que séparément ; il
voit en grand ce que nous n'appercevons qu'en détail. S'il raisonnait,
et qu'il vît nos astronomes avec leurs
lunettes et tout l'appareil de leurs machines, pour observer, par exemple,
le passage de Venus sur le disque du
soleil, ou quelque nouvelle comète,

récemment abordée sur nos confins, leur manége n'aurait-il pas pour lui quelque chose de risible et de comi-que? Pourrait-il, au moins, ne pas les regarder comme des êtres à plain-dre par la faiblesse de leur vue?)\)

---

(1) Cependant, comme l'œil de l'aigle, qui fixe le soleil même sans cligner, exige pro-bablement une forte lumière, et que d'ailleurs une belle nuit, où le firmament déploie avec pompe toute sa magnificence, est le tems fa-vorable à l'astronomie, celui de son règne, pour ainsi dire, le hibou pourrait bien être l'astronome de la nature. Nous ne pouvons effectivement douter que la vue de cet oiseau nyctalope ne soit alors bien supérieure à la nôtre, et que par conséquent il ne découvre dans le ciel bien des choses inaccessible à nos regards, telles que les phâses de nos différentes planètes entr'autres. Lés astres augmentant ainsi à ses yeux et de nombre et d'éclat, ils doivent donc aussi former pour lui un spec-tacle beaucoup plus brillant que pour nous.

Combien d'autres merveilles, dont
nous devons également envier le spectacle à ce roi des oiseaux ! Il est, sur-
tout, un aspect sous lequel les différentes beautés répandues sur la surface de la terre , forment un coup-
d'œil aussi vaste que magnifique ,
mais qui n'est pas fait pour l'homme :
c'est celui qu'elles présentent , considérées d'une certaine hauteur , en
plein air. Dans la situation où nous
sommes , nous ne pouvons voir distinctement qu'à très-peu de distance ;
la direction horisontale de nos regards fait qu'ils ne découvrent les objets que les uns derrière les autres , de
manière que les premiers dérobent
bientôt les seconds ; l'espace qui les
sépare décroît de plus en plus et dis-
paraît enfin. Ils semblent alors se toucher et se presser. De là, une confusion et une espece de désordre qui ,

pour n'être qu'apparent, n'en est pas
moins réel pour nous. C'est ce défaut
que nous nous dissimulons à nous-
mêmes, en lui donnant le nom spé-
cieux de *perspective* et de *lointain*.
A la moindre éminence, c'est encore
pis ; nos regards interrompus s'arrê-
tent tout-à-coup.

Il n'en est pas ainsi pour un œil
qui, du haut de l'atmosphère, promène sa vue sur ce globe. Il voit les
choses dans un ordre bien différent,
où les plus élevées n'empêchent pas
les plus petites de se produire ; où
les intervalles ne diminuant qu'au
loin et par degrés presqu'insensibles,
les rendent aussi beaucoup plus sail-
lantes. Les rayons de la lumière qui
lui en réfléchissent les images, au
lieu de se courber les uns sur les autres, s'élèvent à lui verticalement,
sous la forme d'un cône immense dont

il occupe le sommet, et dont la base, parallèle à l'horison, va se confondre avec lui.

Figurons-nous le spectacle imposant et sublime de la nature sous ce point de vue. C'est celui qu'elle offre à cet aigle planant au haut des airs, et qui en saisit d'autant mieux l'ensemble, que ses regards ont plus d'étendue. C'est pour lui que se réalisent ces vastes paysages, qui n'ont, pour ainsi dire, d'autres bornes que celles de l'hémisphère, tel que nous en avons supposé un, vu d'un aérostat dans sa plus grande élévation. L'homme, il est vrai, ou plutôt quelques individus de l'espèce humaine, bravant tous les dangers, ont réussi, par ce nouveau chef-d'œuvre de l'art, à s'élever aussi haut que l'aigle le plus vigoureux; mais ils ont vu les campagnes alors, et tout ce qui les em-

bellit, se soustraire à leurs faibles
regards.

Ce qui doit nous faire présumer qu'il
n'en est pas ainsi de l'aigle, et que
par conséquent il est doué de la vue
télescopique, c'est la hauteur même
de son vol. En effet, il n'est pas à
croire que, lorsque cet oiseau s'élève
au point de se rendre invisible, il
perde lui-même de vue les plaines où
il cherche au loin sa proie, et qui,
pour cela, doivent se découvrir à lui
de la manière la plus sensible. Quel
serait son motif pour abandonner ainsi
des lieux fertiles qui lui fournissent
sa subsistance, et s'envoler dans un
ciel désert où il n'a rien à espérer ?

De-là nous pouvons donc conclure
que c'est parmi les habitants de l'air
qu'il faut chercher les êtres que la nature a pourvus de cette vue prolongée dont elle nous a privés. Tous ceux

qui partagent avec l'aigle la sublimité de son vol, comme le faucon et le vautour, doivent partager également la perspicacité de ses regards. D'après cette règle, on pourrait graduer la portée de leur vue ; plus ils s'éleveront, plus ils verront de loin. Sur ce principe, l'aigle ne serait pas le plus clairvoyant d'entr'eux, puisqu'il en est qui volent plus haut que lui ; telle est la *Frégate*, qui s'élève au-dessus des plaines de la mer encore plus que l'aigle au-dessus du sol de nos campagnes (1).

---

(1) Les marins rencontrent souvent cet oiseau à plus de quatre cents lieues des terres, où il est cependant obligé de revenir chaque soir, ne pouvant se reposer sur l'eau sans périr. Lorsqu'il est surpris par un orage qui ne lui permet de gagner aucun asyle, il s'élève alors rapidement au-dessus de la région des

Quoiqu'il en soit, si du haut d'une
montagne, lorsque le ciel est pur, on
découvre une si grande étendue de
pays, d'où résulte le plus beau coup-
d'œil, combien la position de cet aigle, dans son essor sublime, est-elle
plus avantageuse ? L'homme, de ce
point éminent, voit, il est vrai, à de
très-grandes distances, mais il ne distingue que peu de choses en détail.
Presque tout est grouppe et masse pour
lui ; les objets, en s'éloignant, dimi-
nuent, se confondent, s'obscurcissent
par la dégradation de la lumière. Ce
ne sont plus que des lointains, qui
ne lui offrent que des espaces vagues
et uniformes. Le centre de ce grand
tableau, qui devrait être le plus éclai-

---

nuages, et y plane paisiblement jusqu'à ce que
l'orage soit dissipé.

ré, et par conséquent le plus sensible, est perdu pour lui. C'est lui-même qui l'occupe, il n'en voit que la circonférence. L'oiseau, dont les regards plus vifs portent beaucoup plus loin, les promène aussi de toutes parts sur une foule de choses qui échappent nécessairement à une vue plus bornée, et sur-tout au-dessous de lui, où la lumière, qui s'en réfléchit avec plus de force et d'éclat, ne lui laisse rien d'obscur.

Nos philosophes et nos curieux entreprennent souvent de longs voyages, pour aller voir des climats célèbres par l'agrément de leurs villes et de leurs campagnes, par la riche variété de leurs sites et de leurs paysages. Parmi les plus remarquables que nous présente l'Europe, arrêtons-nous sur l'Italie et sur les Alpes. Combien d'étrangers viennent de loin, les uns pour parcourir cette belle contrée, dont toutes les parties semblent se disputer l'avantage ; les autres, pour s'élever sur ces montages, dont l'aspect sauvage n'a pas moins de charmes pour eux! Mais quel est celui qui, après avoir le mieux considéré chaque endroit et ses environs, puisse dire les avoir aussi bien vus que cet aigle, accoutumé à planer au-dessus, sans qu'aucun obstacle vienne s'opposer à ses regards? Le voyageur ne découvre que successivement, les unes après les autres, les beautés dont l'oiseau saisit l'ensemble d'un coup-d'œil. Le tableau qui en résulte n'est que pour lui. L'homme, qui en fait partie, n'en voit progressivement que des morceaux détachés, que son imagination seule peut réunir.

Le libre exercice de la vue télescopique exigeant, comme on l'a vu, une grande élévation , et cette élévation exigeant elle-même des moyens naturels pour l'atteindre , il s'en suit donc qu'il n'y a que des êtres pourvus de ces moyens, c'est-à-dire des êtres fortement ailés , qui doivent aussi avoir en partage cette manière de voir. Cette élévation, indépendamment de l'étendue de leurs regards ; leur fournit par elle-même ces spectacles sublimes, et pour ainsi dire *ethérés*, qui ne sont pas faits pour nous, et que nos aéronautes les plus intrépides ont pu seuls contempler encore. Ils furent frappés d'étonnement et d'admiration , lorsqu'élevés au-dessus des nuages qui ombrageaient l'atmosphère , ils virent sous leurs pieds une espèce de mer rouler confusément ses flots agités ; lorsqu'au lieu du tems sombre qui leur cachait d'abord la vue du ciel , ils découvrirent de nouvelles régions où régnait l'air le plus serein et la lumière la plus vive; lorsque le soleil descendu sous l'horison, reparut tout-à-coup et sembla rétrograder. Tous ces prodiges, si extraordinaires pour nous, n'ont rien que de fort commun pour le moindre des aigles.

Mais quelle que soit l'étendue de la vue télescopique, naturelle ou artificielle, elle paraîtra fort bornée, si on la compare avec la vue ampliative. Cette dernière, comme nous l'avons observé (1), nous rend sensibles des insectes vingt-cinq millions de fois plus petits qu'un grain de sable. La première, pour l'égaler en son genre, devrait donc nous dévoiler aussi des objets vingt-cinq millions de fois plus

(1) Page 49.

éloignés que ceux que nous appercevons à la plus grande distance. Quelles
brillantes découvertes ne ferions-nous
pas alors dans le ciel ! Avec une pa-
reille vue, pourrait-il rien avoir d'inaccessible pour nous ? Si nous pouvions
seulement doubler la portée actuelle
de nos regards, et les élever au-dessus
des étoiles fixes, autant que ces étoiles s'élèvent au-dessus de nous, que
de prodiges, que de merveilles ne
nous offrirait-il pas! Il s'en faut donc
bien que le télescope opère aussi puis-
samment sur la distance des corps,
que le microscope sur leur volume,
et qu'il règne une égale proportion
entre ces deux espèces de vue (1).

---

(1) Un de nos célèbres astronomes,
M. *Herschel*, est parvenu à construire un
nouveau télescope, à l'aide duquel, dans une

Pour dire un mot des autres sens, de l'odorat sur-tout et du tact, comparés à celui de la vue, nous remarquerons que ce dernier manque d'une qualité commune aux deux précédents, c'est de n'être point perfectible

---

zône de cinq degrés de long sur deux de large, il découvre clairement, dit-il, dans les environs de la voie lactée, plus de cinquante mille étoiles, et près de cent mille autres, qui, faute d'une lumière suffisante, ne paraissent que faiblement et par intervalle. Il se promet de perfectionner encore cet instrument, qu'il estimait alors n'être, pour ainsi dire, qu'à son berceau. Mais, réussirait-il à le rendre cent fois plus parfait, ne nous flattons pas qu'avec son secours, nous pussions atteindre aux bornes de l'univers, ni même en approcher. Dans le grand, comme dans le petit, la chaîne des êtres est si prolongée, qu'elle est infinie à notre égard.

comme eux. L'homme, en général,
n'est pas moins inférieur au chien pour
l'odorat qu'à l'aigle pour la vue. Cependant l'odorat chez lui peut acquérir le même degré de finesse que dans
les animaux les plus favorisés en ce
genre. Il y a des nègres aux Antilles
et ailleurs, qui découvrent les gens à
la piste, comme feraient les chiens les
plus exercés; qui même connaissent,
à l'odeur seule, si la trace qu'ils sui-
vent est celle d'un noir ou d'un blanc.
Il en est de même du tact: il fait quelquefois, particulièrement chez les
aveugles, les progrès les plus surpre-
nants, au point que, si l'expérience
ne nous en avait convaincus, nous ne
pourrions le croire, d'après les bornes
connues de cet organe chez nous. On
a vu de ces aveugles distinguer, sans
se méprendre, les différentes couleurs
avec les doigts; d'autres se former

l'idée la plus exacte de la figure d'une
personne, en lui passant les mains sur
le visage. Un sculpteur, privé de la
vue (1), ne laissait pas de faire, par
ce moyen, des statues assez bonnes,
et fort ressemblantes à leurs origi-
naux. L'œil n'est pas susceptible de
se perfectionner ainsi par l'usage : du
premier coup, il atteint les extrémités
de sa sphère, sans qu'il lui soit possible de les reculer ; mais ce que la nature lui refuse, l'art le lui procure, et
fait pour lui, en faveur de tous les
hommes, ce qu'elle n'opère que rarement dans quelques individus pour le
toucher et l'odorat.

____

(1) Ganibasius de Volterre.

ARTICLE VI.

DE LA VUE MONOCHROMATIQUE.

S'il est des êtres dont la vue embellit
la nature, en répandant sur ses ouvrages un nouvel éclat, il doit en exister aussi dont l'œil, par un effet opposé, la dépouille de ces brillants dehors, pour ne lui laisser qu'un aspect
uniforme. Le propre de ces espèces de
vues, dont la nombre est assez grand,
est de réduire toutes les couleurs à
une seule, soit que, ne pouvant en
admettre qu'une, les autres deviennent comme non-existantes pour elles ; soit que les décomposant, par un
effet de leur organisation propre, elles
leur fassent perdre leurs qualités dis-

tinctives, pour leur donner une teinte commune et générale.

Tel est le phénomène que nous présentent ces verres colorés, qui, par le subit changement qu'ils opèrent dans la manière de voir, nous causent une agréable surprise. Si, par exemple, vous prenez un verre bleu, à l'instant tout ce qui vous environne se peint de la même couleur ; le feuillage des arbres est bleu, les prairies, les moissons, les guérets sont bleus. Vous diriez qu'une rosée d'azur est tombée du ciel, et s'est répandue sur toute la terre. Si, laissant ce premier verre, vous en prenez un second, un rouge, par exemple, aussitôt tout change et se rougit avec lui : la bergère qui file auprès de son troupeau, vous paraît habillée de pourpre ; le fuseau qui roule sous ses doigts n'offre pas un fil moins précieux ; il en est de même de ses brebis , leur toison est également empourprée. Ainsi dans l'âge d'or , si l'on en croit les poètes , la laine des béliers et des agneaux paissant dans les pâturages , se peignait naturellement de pourpre et de vermillon (1). Les ondes argentines des ruisseaux et des fontaines ont disparu ; ils ne roulent plus que des flots de pourpre. A chaque changement de verre, nouvelle décoration : la nature, à votre gré , s'habille successivement de toutes les couleurs , qui se détruisent et se remplacent réciproquement.

Quelle variété ne doit pas répandre dans le spectacle de l'univers des manières de le voir si différentes les unes

____

(1) *Sponte suâ sandyx pascentes vestiet agnos*. Virg. ecl. 4.

des autres! car nous ne doutons point qu'elles n'existent réellement, ainsi que les précédentes, et qu'il n'y ait eu par conséquent des yeux mono-chromatiques long-tems avant la fabrication des lunettes de cette espèce. La nature, qui dans la création des êtres vivants, semble avoir épuisé la variété des formes et les ressorts de l'organisation, soit pour les faire vivre et respirer, soit pour les faire agir et reproduire, doit avoir également diversifié en eux le mécanisme de la vue, autant qu'il en était susceptible. Féconde comme elle l'est en moyens, on peut ici conclure l'existence de la chose par sa seule possibilité, et dire : *Elle a pu le faire, donc elle l'a fait.* S'imaginer qu'elle a développé aux regards de tous les êtres le même nombre de couleurs, c'est méconnaître tout-à-fait son génie, aussi par-

tisan de l'économie qu'ennemi de l'uniformité. Fidèle à ce principe, elle
n'aura pas manqué de faire entr'eux
un partage inégal de ces couleurs,
et d'en accorder aux uns plus, aux
autres moins ; à ceux-ci une seule,
à ceux-là peut-être aucune. Nous
avons même quelques indices, qui à
cet égard peuvent nous tenir lieu de
preuves. .

Il est des personnes dont certaines
maladies ou affections changent entièrement la vue, et à qui tout paraît alors comme safrané. Or, ce que
la nature opère passagèrement dans
ces personnes, pourquoi ne l'aurait-
elle pas rendu habituel dans d'autres
êtres ? et ce qu'elle fait pour une couleur, pourquoi ne le ferait-elle pas
pour toutes ? Il semble qu'elle veuille
nous mettre elle-même sur la voie,
pour nous faire deviner ses secrets en

ce genre. Instruits par l'expérience que l'œil de l'homme devient quelquefois monochromatique, nous en faut-il davantage pour en inférer qu'il est vraisemblablement des êtres pour qui ce phénomène n'est pas une disposition purement accidentelle, ou bornée à une seule couleur comme pour nous, mais un état constant qui leur est propre, et ne doit exiger que bien peu de différence dans le mécanisme de leur vue? Ce sont là, si l'on veut, de faibles indications ; mais, d'après les moindres lueurs, ne peut-on pas conjecturer le règne de la lumière ? Aussi, bien loin d'être fondés à ne pas admettre comme naturelles les espèces de vues que l'art nous a procurées, persuadons nous qu'il en est probablement beaucoup d'autres qui nous sont inconnues, et que d'heureux hasards nous découvriront peut-être à l'avenir.

Les êtres, quels qu'ils soient, entre
lesquels sont réparties ces différentes
vues monochromatiques, ne connaissent donc ainsi qu'une seule de nos
couleurs. On s'imaginera, sans doute,
que cette manière de voir est trop
uniforme pour être susceptible d'agrément; mais elle a ses beautés particulières ainsi que les autres. Jugeons-en
par nos peintures de ce genre, connues sous le nom de *camayeux*.
Quelle qu'en soit la couleur, comme
elle se nuance et se varie elle-même par
les différentes teintes qu'elle sait prendre! Tantôt plus forte et plus foncée,
tantôt plus faible et plus adoucie, elle
se suffit pour représenter tous les objets, et donner à chacun le degré d'apparence et de saillie qui lui convient.
Considérons un ciel pur, dont l'espace immense ne nous offre que du
bleu, nous paraît-il pour cela moins

beau et moins agréable ? De vastes
prairies, de grandes forêts, qui n'ont
d'autre ornement que leur verdure,
en charment-elles moins nos regards ?
Enfin, l'aspect de l'univers en est-il
moins admirable et moins imposant
pour le navigateur qui, par un tems
serein, vogue sur une mer calme et
paisible, quoique toute la nature alors
soit azurée pour lui ?

On peut regarder les différentes vues
monochromatiques, quel qu'en soit
le nombre, comme autant de divisions
ou de démembrements de celle qui
nous est échue en partage, supposé
qu'il n'existe pas d'autres couleurs
que celles que nous connaissons. L'une
comprend ainsi toutes les autres, et
par là même en diffère essentiellement : c'est ce qui fait que les phénomènes visibles pour les êtres à l'œil
monochromatique, ne le sont pas

pour nous, et que réciproquement ceux qui sont visibles pour nous ne le sont pas pour eux. Nous ne voyons pas, comme quelques-uns de ces êtres, la verdure des prairies, par exemple, répandue sur le ciel, ni l'azur du ciel répandu sur les prairies. De même, ils ne voyent pas comme nous l'aurore ouvrir les portes du matin en habit de rose, comme disent les poètes, mais en robe verte, parsemant le chemin du soleil d'émeraudes au lieu de rubis. Un ciel bleu, une prairie verte, une aurore vermeille, sont pour eux des choses inconnues.

Il serait même possible qu'il y eût des êtres dont la manière de voir changeât avec les saisons ou la température de l'air; aux regards desquels la nature fût tantôt verte, tantôt rouge, tantôt bleue, tantôt violette, et qui, par conséquent, au lieu d'une seule

espèce de vue, en eussent alternativement plusieurs. La nature entière
serait alors pour eux ce qu'est le caméléon pour nous. L'exemple de ces
personnes dont nous avons parlé, à
qui, dans certaines circonstances,
tous les objets paraissent de la même
couleur, offre quelque chose d'approchant, et nous donne lieu de le
présumer. C'est ainsi, quoique la cause en soit différente, que l'épi nous
paraît se dépouiller de sa verdure, et
se dorer à l'approche de sa maturité;
le raisin se noircir, la pêche se colorer
de pourpre, à mesure qu'elle se par-
fume d'ambroisie.

Comme cette révolution, si elle a
lieu, ne se fait pas probablement tout-
à-coup, mais par degrés, ces êtres,
s'ils sont susceptibles de réflexion,
ne doivent pas manquer de l'attribuer
comme nous à une cause étrangère,

et de croire que les arbres, par exemple, changent alors effectivement de feuillage ; qu'il en est ainsi du plumage des oiseaux , et que la nature , en les créant , a mis en eux le principe de ces métamorphoses , comme elle l'a mis dans plusieurs de ses productions. De ce nombre sont certaines espèces de graines et de fruits, qui , d'abord verts , deviennent ensuite rouges, et finissent par être noirs. La même variation a également lieu dans le règne animal. Le bec-à-ciseaux (1) est sur-tout remarquable à cet égard : on prétend qu'il change de couleur trois fois l'année ; jaune en hiver , il est rouge au printems , et

____

(1) Espèce d'oiseau qui fréquente les forêts de sapins.

vert en automne (1). Mais ce phénomène est ici le résultat d'un change-

---

(1) Ce qu'on raconte de la *feuille ambulante* est plus surprenant encore. C'est un
insecte des Indes, ainsi appelé parce que ses
ailes ressemblent, dit-on, non seulement par
la forme et les nervures aux feuilles des arbres, mais encore par leur couleur. Les uns
ont les ailes d'un vert naissant, les autres
d'un vert plus foncé, et semblable à celui
d'une feuille dans sa pleine vigueur ; chez
d'autres, elles ont l'air de feuilles mortes. On
assure de plus que leurs ailes sont de la première couleur au printems, de la seconde en
été, et de la dernière vers la fin de l'automne ;
qu'ensuite elles tombent ; que l'insecte reste
sans ailes tout l'hiver, et qu'elles repoussent
au printems. Si tous ces faits sont véritables,
on ne saurait disconvenir que les ailes de
cet insecte n'aient le rapport le plus parfait
avec les feuilles des arbres, et qu'il ne soit
bien appelé *feuille ambulante* ou *feuille vo-
lante.*—THÉOL, DES INSECTES, tom. 1. p. 67.

ment survenu dans la disposition des parties colorantes, au lieu que pour les êtres dont nous parlons, c'est le simple effet de leur manière de voir. Car, que ce soit l'objet même qui varie, ou que ce soit l'œil qui le considère, l'apparence est la même pour le spectateur. Peut-être se passe-t-il quelque chose de semblable en nous, et que nous prenons également le change. Ce qui pourrait cependant surprendre ces êtres, c'est que les feuilles détachées depuis long-tems de leurs branches, les plumes des oiseaux qui n'existeraient plus, participeraient à la même vicissitude, singularité dont l'explication offrirait de quoi intriguer leurs philosophes, s'il en était parmi eux, et les ferait immanquablement recourir à quelque système chimérique de sympathie.

La diversité de couleur dans les

pierres précieuses, qui en fait pour nous un des principaux agréments, est, comme on doit se l'imaginer, absolument nulle, ainsi que celle des fleurs, pour les habitants de ces divers mondes monochromatiques. Ils n'en connaissent que d'une seule espèce. Dans le monde bleu, par exemple, les perles, les diamants, et généralement toutes les pierreries, sont des saphirs et des turquoises ; dans le monde rouge, des escarboucles, des rubis et des grenats, qui dans le monde jaune ou violet, se changent à leur tour en autant de topases et d'améthystes.

Nous avons, pour ainsi dire, un échantillon de ces mondes dans ceux de nos appartements, où la lumière n'entre qu'au travers d'un rideau coloré. Tout ce qu'ils renferment participe de la même couleur, et d'autant plus que le rideau en est lui-même plus fortement imprégné. Avec un rideau vert, tout ce qui vous environne est vert. Dans l'appartement voisin, un rideau pourpre communique à tout sa couleur vermeille. Dans un autre, un rideau bleu répand aussi par-tout une teinte d'azur. En passant dans ces divers appartements, vous passez, pour ainsi dire, d'un monde dans un autre, et cette variété vous frappe agréablement la vue.

La nature elle-même nous présente quelquefois de pareils phénomènes, dont quelques-uns sont d'autant plus remarquables, que la couleur du sol n'a aucun rapport avec celle qu'il réfléchit : c'est la propriété de certaines espèces de sables. Lorsqu'on s'avance sur le lieu qui en est couvert, on est tout surpris de la révolution subite qui s'opère autour de soi. On entre dans une nouvelle lumière, qui ne ressemble plus à celle d'où l'on sort. Les différentes couleurs disparaissent à l'instant, ou s'éclipsent du moins en partie, pour n'en laisser régner qu'une seule. Telle est, entr'autres, la colline de *Bolbec*, dans le pays de Caux. Tous ceux qui s'y promènent éprouvent le même changement de vue ; leurs habits, leurs figures, leurs cheveux même se teignent d'un rouge clair, dans lequel ils semblent nager, et que l'on prendrait pour une illusion, si l'expérience n'en constatait la réalité. La nature, sur cette colline, nous présente donc en petit un de ces mondes monochromatiques, invisibles pour nous, et lève, pour ainsi dire, un coin du voile qui nous les dérobe. Si l'on voulait y placer

une inscription propre à la caractériser, on ne pourrait mieux choisir ,
selon nous, que ce vers de Virgile :

Largior hîc œther, campos et lumine vestit
purpureo (1).

Cette manière de voir en *camayeu*
n'est pas, sans doute , parfaitement
uniforme pour tous les êtres de la
même classe qui l'ont en partage. Il
est probable que dans le monde rouge , par exemple, l'incarnat ou le
rose est pour les uns , le cinabre ou
vermillon pour les autres ; que ceux-
ci voient seulement pourpre ou cramoisi , ceux-là amaranthe ou ponceau;
qu'il en est ainsi du vert , du bleu ,
du violet , etc. Chacune de ces vues
se diviserait donc en autant d'espèces
qu'il y a dans sa couleur de teintes

_____

(1 AEn, VI. 640.

différentes. Ce n'est pas tout : comme les sept couleurs mères ou primitives en produisent une foule d'autres par leur mélange, il pourrait exister aussi un égal nombre de nouvelles vues, qui leur seraient propres. Nous n'insisterons pas sur cette idée, qu'il nous suffit de faire entrevoir. Ne fût-elle qu'une imagination, elle n'a du moins rien d'invraisemblable, vu la prodigieuse variété de la nature en tout genre.

Quoique nous nous fussions proposé de ne traiter que des six espèces de vues dont nous venons de parler, cependant nous allons en considérer encore deux autres, savoir : *la polyscopique* et *l'achromatique*. La première agit de plusieurs côtés à-la-fois ; la seconde n'admet que l'ombre et la lumière, sans aucun mélange de couleur.

ARTICLE VII.

DE LA VUE POLYSCOPIQUE.

Il est à-peu-près des différentes espèces de vues dont nous attribuons
l'origine à la nature, comme des habitants des planètes. Leur existence,
quoique très-probable, ne peut cependant se démontrer; et dès - lors
la plus grande vraisemblance laisse
beaucoup de doute.

Nous ne dirons pas la même chose
de la vue polyscopique. Le grand
nombre des êtres qui l'out en partage, et qui nous environnent de
toutes parts, nous dispense de recourir à aucune preuve pour en cons-
tater l'existence. Nous nous borne-

rons donc à parler ici de ses qualités
et de ses effets.

Cette espèce de vue, qui exige le
concours de plusieurs yeux, peut cependant subsister avec deux seulement, parce qu'elle résulte moins de
leur nombre que de leur position. S'ils
sont placés sur différentes faces, et
qu'ouverts ensemble, ils puissent ainsi
agir séparément, il n'en faut pas davantage pour constituer un être polyscope. C'est, à la vérité, la vue la
plus simple en ce genre. Il en est de
plus composées, comme nous le ver-
rons; mais une plus grande quantité
d'yeux fait seulement une vue plus
riche, et non une vue d'espèce di-
férente.

Quoique cet organe soit double
dans l'homme, on peut dire cependant qu'à proprement parler, il n'a
qu'un œil. Les deux dont il est pour-

vu, n'équivalent en effet qu'à un ;
puisqu'avec l'un et l'autre, il ne voit
rien de plus qu'avec un seul. Cela vient
de ce qu'étant posés sur une même
hauteur, leurs regards se portent aussi
vers les mêmes objets et convergent
ensemble. Il n'en est pas ainsi pour
les êtres dont les yeux, distribués sur
différentes faces, à droite et à gauche,
par exemple, ont aussi différents aspects. Par là ils peuvent appercevoir
les deux points opposés de l'horison ;
ce qui est à-peu-près la même chose
que s'ils avaient la faculté de voir devant et derrière. Le tableau qui se
forme dans le premier œil, n'a rien
de commun avec celui qui se peint
dans le second ; ce qui doit procurer
à l'être qui les possède, non-seulement
de grands avantages, mais encore la
plus agréable diversité, et souvent les
plus beaux contrastes.

8

Nous ne dissimulerons cependant pas une difficulté qui se présente ici dès l'entrée de la carrière. Personne probablement ne disconviendra que des yeux, dont les aspects sont opposés, ne peuvent recevoir en même tems l'image des mêmes objets ; que, par conséquent, ceux qu'ils représentent, et dont ils portent la perfection avec eux, sont bien différents. Mais on fera peut-être quelque difficulté de croire que l'animal, quel qu'il soit, dont la vue est ainsi disposée, puisse leur donner en même tems une égale attention. S'il ne le peut pas, il s'en suit que lorsqu'il considérera les uns, il cessera de voir les autres, quoique les images lui en soient présentes. Dès-lors, ce ne sera plus un être vraiment polyscope ; il sera reduit à ne voir qu'une seule chose à-la-fois, comme les autres.

Une expérience que l'homme peut faire à cet égard sur lui-même, semble confirmer cette idée. En divisant sa vue par le moyen d'un carton intermédiaire, ou plutôt de deux cornets, qui dérobent à un œil ce qui est visible pour l'autre, il en résulte pour lui deux aspects, deux points de vues différents. Quoique bien distincts, il ne peut cependant partager également son attention entre eux, et les considérer fixement ensemble. Mais on peut dire que c'est moins impuissance chez lui que défaut d'usage. L'homme, en effet, habitué par l'exercice, est susceptible de plusieurs opérations simultanées, qui n'exigent pas moins d'attention les unes que les autres.

Prenons pour exemple un musicien qui excelle à manier un violon, et à qui on donne à exécuter quelque

beau morceau, gravé ou manuscrit.
Que d'actions dans cette seule action !
combien de choses à observer, de détails à saisir ! la vue, l'ouie, le tact,
sont chacun chargé de fonctions très-
compliquées. Il faut que l'œil remarque les différentes notes, leurs figures, leurs positions, leurs valeurs,
leurs rapports mutuels ; que l'oreille,
de son côté, pèse, pour ainsi dire, les
divers sons qui correspondent à ces
notes ; qu'elle distingue exactement
leurs liaisons, leurs intervalles, leurs
modifications les plus délicates ; que
les doigts en même tems voltigent
sur les cordes, pour en régler chaque
vibration ; qu'ils s'élèvent, qu'ils descendent, qu'ils passent rapidement
de l'une à l'autre sans se méprendre,
et mille choses semblables. Les pieds
même ne demeurent pas dans l'inaction : ils battent la mesure et mar-

quent la cadence. Voilà un tout composé de bien des parties. Cependant
une même attention dirige tous ces
agents, préside à toutes ces opérations : effet admirable de l'habitude,
qui seule peut les faciliter, en les rendant familières ! Ce qui empêche
l'homme, dans l'expérience dont il s'a-
git, de considérer ensemble deux
points de vue séparés, n'est donc
point l'incapacité réelle de leur donner une égale attention, mais seulement le défaut d'usage. De-là vient que
lorsqu'un de ses yeux se fixe sur un
endroit, il ne peut arrêter l'autre, qui,
accoutumé à le suivre, se laisse aussitôt aller au même mouvement. Pour
acquérir cet usage, peut - être fau-
drait-il plusieurs années, ou même
avoir commencé dès l'enfance,
comme les êtres de cette espèce.

D'ailleurs, la nature eût-elle absolument refusé cet avantage à l'homme, peut - on en conclure qu'elle ait établi la même règle à l'égard de tous les êtres. D'après la variété qu'elle a mise dans ses productions, ne doit-on pas inférer plutôt que puisqu'elle a créé des vues qui ne peuvent se diriger que vers un seul point en même tems, elle doit en avoir formé d'autres, qui agissent en différents sens à-la-fois? Or, quels sont les êtres doués de cette manière de voir, sinon ceux dont les yeux, placés sur des faces diamétralement opposées, ont nécessairement divers aspects, tels que les oiseaux, les reptiles et autres espèces.

Mais ici la même question revient encore : ces êtres sont-ils susceptibles de la double attention qu'exige l'exercice simultané de cette double vue? achevons de résoudre cette difficulté par le raisonnement et par les faits.

Supposons un animal qui aurait deux têtes, pourvues de leurs organes et de leurs yeux bien conformés. Chacune de ces têtes, indépendantes l'une de de l'autre, ferait, sans contredit, ses fonctions sans le concours de sa compagne. Elles pourraient donc séparément fixer leurs regards sur quelque chose dans le même instant. L'animal discernant ainsi les objets de deux côtés à-la-fois, partagerait donc également son attention entre eux.

On pourra peut-être nier cette supposition ; mais si quelqu'un la regardait comme une chimère, qu'il apprenne que c'est un fait, qui, pour être merveilleux, n'en est pas moins vrai.

Entre autres animaux de cette espèce, on a vu un lézard privé, dont cette supposition n'est que la peinture (1). Ses deux têtes, bien dinstictes et bien organisées, servaient également à ses besoins : il mangeait indifféremment de l'une et de l'autre. Toutes les deux avaient un œil à droite et à gauche, dans la position ordinaire ; et le reptile ainsi pourvu de cette quadruple vue, voyait aussi sous tous ces aspects.

Un essai répété plusieurs fois, et toujours avec le même succès, décide sur-tout bien complètement la question dont il s'agit, et devient ici pour nous une démonstration. Lorsqu'on mettait du pain ou quelqu'au-

----

(1) Dictionn. des Merveilles de la Nature, art. *Ecarts.*

On conserve au Cabinet du Roi un très-petit lézard vert, qui a deux têtes et deux cols bien distincts. *La Cépède*, discours sur la nature des quadrupèdes ovipares.

tre appât auprès de lui, des deux côtés en même-tems, vis-à-vis de l'œil
extérieur de chaque tête, et à la même
distance, alors également attiré par
cette double amorce, il observait une
espèce d'équilibre, et se portait droit
en avant. Au premier mouvement
qui lui faisait perdre de vue l'un des
deux morceaux, il se repliait aussitôt
sur l'autre, et s'en saisissait. Il voyait
donc également des deux côtés à-la-
fois. Et qu'on ne dise pas que cet animal était un composé de deux êtres
réunis ensemble. Son procédé prouve
qu'il ne formait réellement qu'un seul
et même individu. Sans cela, cès deux
têtes, divisées d'intérêt, n'auraient
pas manqué de faire effort au même
instant, pour s'emparer chacune de
leur proie.

Mais sans recourir à ces faits extraordinaires, il en est de plus com-

muns, qui nous fournissent les mêmes preuves, et qui, mieux connus
des naturalistes, en auront aussi plus
de poids. Nous avons sur-tout un
exemple remarquable en ce genre
dans une manière de voir du caméléon. On a observé que cet animal
avait la singulière faculté d'élever un
œil et d'abaisser l'autre en même
tems, de sorte que l'un regarde en
haut et l'autre en bas ; qu'il savait de
même en tenir un fixé en avant et
l'autre en arrière. S'il ne pouvait considérer les objets avec attention que
d'un côté, à quoi lui servirait la double direction dont ses regards sont
susceptibles ? dans cette attitude, il
faudrait donc que son esprit, si l'on
peut s'exprimer ainsi, passât d'un
œil à l'autre alternativement. N'aurait-il pas aussi tôt fait de les lever
et de les baisser ensemble ? Puisque

la nature ne fait rien envain, cé mécanisme de la vue dans le caméléon n'est
point indifférent. Or, quel peut en être
l'effet, sinon de le faire voir dans les
deux sens où se portent en même
tems ses regards? de-là nous pouvons
donc conclure que lorsque ses yeux
se tournent ensemble, soit en bas, soit,
en haut, soit parallèlement à l'horison, il voit de même des deux côtés
à - la - fois. Tous les êtres qui ont les
yeux disposés comme lui, c'est-à-dire
sur deux faces opposées, participent
donc au même avantage, et sont
ainsi des êtres vráiment polyscopes.

L'existence de çes êtres étant bien
constatée, il est sensible que leur
vue embrasse une fois plus d'objets
que la nôtre, puisqu'ils découvrent
les deux points correspondants de
l'hémisphère, dont nous ne pouvons
appercevoir qu'un seul. Si ç'est un

plaisir de voir, par exemple, une belle campagne, soit dans la plaine, soit du haut d'une éminence, combien ce plaisir ne serait-il pas plus vif et plus varié, si du même coup-d'œil, nous pouvions contempler le paysage qui fait face à celui qui nous charme, et qui en est comme le pendant? c'est l'agrément que nous aurions, si nos regards, autrement dirigés, pouvaient se fixer sur l'un et sur l'autre point en même-tems. Il nous est facile de les tourner, il est vrai, mais alors en découvrant une nouvelle perspective, nous perdons l'autre de vue. C'est un tableau dont l'être polyscope peut seul saisir l'ensemble : nous ne pouvons prétendre qu'à la moitié. Semblables, en quelque manière, au globe que nous habitons, nous ne sommes éclairés qu'à demi ; une seule partie de nous-même est dans la lumière , et l'autre dans les ténèbres. L'aspect de la nature est donc plus riche et plus diversifié pour ces êtres que pour nous.

Cependant ceux dont nous venons de parler , ne sont que les moindres de leur espèce. Il en est d'autres , mieux partagés encore, chez qui l'organe de la vue, distribué sur un plus grand nombre de faces, leur procure aussi une plus grande variété d'aspects. Telles sont les araignées en général, et l'araignée vagabonde en particulier. Munie d'yeux devant et derrière , à droite et à gauche , elle peut voir ainsi les quatre points du monde à-la-fois. L'hémisphère , dont les regards de l'homme ne découvrent qu'une portion, se développe donc toute entière à ces insectes. De-là, quelle différence de spectacle !

Si nous avions le même nombre

d'yeux, et disposés de la même manière, comme les beautés de la nature s'offriraient à nous en foule de
toutes parts ! en effet, puisqu'elle a
donné aux êtres qui ont deux points
de vue différents, la faculté de les
fixer et de les considérer ensemble,
comme on l'a vu, elle doit avoir fait
la même chose en faveur de ceux qui
en ont quatre, ou même plus. Sans
cela, on pourrait dire qu'elle aurait
manqué la fin qu'elle s'est proposée
à leur égard. Dans l'espèce d'araignée
dont il s'agit, par exemple, et qui
n'a pas l'art de se fabriquer des filets
comme les autres, le dessein de la
nature en lui donnant six yeux, distribués sur quatre faces différentes,
est visiblement de lui faire découvrir
sa proie de tous côtés. Mais si l'organe de la vue chez elle, en agissant
d'une part, demeurait de l'autre dans

l'inaction, cette proie lui échapperait
si souvent qu'elle ne pourrait subsister. C'est pour cela sans doute que la
nature lui a donné de plus un coup-
d'œil si juste et un mouvement si
prompt, qu'elle ne manque jamais
de s'en saisir du premier saut.

Il en serait donc de l'homme comme
de ces insectes, s'il était organisé
comme eux : il verrait sous tous ces
aspects à - la - fois. Car pourquoi ne
discernerait-il pas les objets avec six
yeux, ou même avec dix, comme il
les palpe de ses dix doigts ? son attention serait-elle plus bornée pour
le sens de la vue que pour celui du
tact ?

Il se présente ici une question in-
téressante, mais qu'il n'est pas facile
de résoudre. Si l'homme était doué
de cette pluralité de vues, pourrait-
il lire plusieurs livres en même tems?

— On pourrait peut - être l'affirmer d'après un exemple célèbre : c'est
celui de César. L'histoire nous apprend que , quoiqu'occupé à lire ou
à écrire, il ne laissait pas, non seulement de prêter l'oreille à ce que
l'on disait , mais encore de dicter des
lettres différentes et de la plus grande
importance à trois ou quatre secré-
taires à-la fois, et même à sept , lorsqu'il ne faisait rien autre chose (1).
Après cela, il est donc assez probable que si César eût été polyscope ,
de manière à voir , par exemple , de
quatre côtés à la fois, il aurait pu lire
autant d'ouvrages en même tems ,

____

(1) *Scribere aut legere, simul dictare et
audire solitum accepimus ; epistolas verò tan-
tarum rerum quaternas pariter librariis dictare , aut si nihil aliud ageret, septenas.*
Pline, L. VIII. c. 25.

et leur donner une égale attention. Si cette conséquence n'est pas absurde, il s'en suit donc que l'homme, généralement parlant, ne serait pas incapable d'une telle opération. Mais sans pousser plus loin ce raisonnement sur l'usage simultané de ces différentes vues, supposons l'homme ainsi organisé, et considérons l'avantage immense qui en résulterait pour lui. De-là quelle facilité de s'instruire et d'acquérir en peu de tems les connaissances les plus étendues! une heure ou une année d'étude équivalant alors à quatre, sa vie, sous ce rapport, en deviendrait aussi quatre fois plus longue; et comme le plaisir de la lecture est pour un homme-de-lettres un des plus grands qu'il puisse goûter, on comprend sans peine que ce plaisir croissant dans la même proportion, il en deviendrait aussi d'autant plus vif et plus sensible. Choisissons, pour une lecture de cette espèce, Homère, Virgile, Horace et Pindare. Si chacun de ces beaux génies en particulier fait nos délices, que ne serait-ce pas s'il nous était possible de les lire tous les quatre à-la-fois, et d'en savourer, pour ainsi-dire les différentes beautés en même tems, soit dans leur propre langue, soit dans une traduction? Il en serait de même des autres grands écrivains que l'on serait curieux de réunir ainsi; l'esprit du lecteur n'en serait pas moins agréablement flatté; Il pourrait même, par une espèce de prodige, associer la parole au silence, par la faculté qu'il aurait d'en lire un de vive voix, et les autres mentalement.

Ce que nous disons de la lecture doit s'entendre aussi des spectacles. Avec cette espèce de vue, la même personne pourrait voir représenter; sur quatre théâtres différents, une tragédie de Corneille, un opéra de Quinault, une comédie de Molière, une pastorale de Fontenelle. L'unité de l'ouie ne lui permettrait pas, il est vrai, de leur donner une égale attention, mais elle pourrait du moins assister en même-tems à ces différentes pièces, leur prêter l'oreille tour-à-tour, et jouir du coup d'œil de toutes ensemble. Parmi les autres amusemens de ce genre, il en est plusieurs dont elle pourrait se procurer le plaisir sans les séparer, ni en rien perdre, comme un bal, un concert, une pantomime, une danse sur la corde. Elle en serait simultanément et diversement affectée, comme nous le sommes de la saveur d'un fruit, du parfum d'une fleur, du son d'un instrument, de la lumière d'un flambeau, dont nous ne laissons pas de discerner les différentes impressions quoique réunies. Au reste, l'esprit ne serait pas le seul qui se ressentirait des avantages de cette manière de voir ; le corps y participerait aussi. L'homme alors pourrait marcher en arrière comme en avant, sinon avec la même aisance, du moins sans craindre de heurter ; à-peu-près comme ces reptiles, qui, pour cette raison, s'appèlent *doubles-marcheurs*, et qui partent de la tête ou de la queue indifféremment.

Mais l'homme eût-il la faculté de porter ses regards vers quatre endroits à-la-fois, il ne serait encore en ce genre qu'un être du second ordre. Nous n'aurions même qu'une idée bien imparfaite de la vue polyscopique, si nous ne la connaissions que par les exemples que nous venons d'en rapporter. Il est d'autres êtres qu'on doit regarder comme les privilégiés de cette espèce, et auprès desquels Argus lui - même ne serait, pour ainsi dire, qu'un cyclope. Que seraient en effet ses cent yeux, en comparaison de la foule innombrable de ceux que nous offrent, comme on l'a vu, les mouches et les papillons ? C'est pour eux que la nature a développé toute la richesse et la magnificence de cette espèce de vue : enfants éphémères ! qu'elle semble avoir voulu dédommager ainsi de la briéveté de leur vie, et pour lesquels, par le moyen de cet organe, elle a su multiplier à l'infini la jouissance du spectacle qn'elle nous présente. Elle se montre à nous plus long-tems, il est vrai, mais avec cent fois moins de pompe et d'appareil.

Imaginons-nous en effet ce que doit

être l'univers pour ces insectes , qui au lieu d'un œil ou deux, comme nous, en ont souvent plus de trente mille (1), qui voient, non-seulement à droite et à gauche, devant et derrière, en haut et en bas, mais encore dans tous les sens possibles, de manière que tous les points de l'espace leur sont présents. Rien de ce qui les environne ne peut donc se soustraire à leurs regards. Pour nous il n'est qu'un monde, il en est mille pour eux : ils les habitent tous, ils vivent dans tous. Un seul individu équivaut donc ainsi à des milliers d'autres: ils ont donc en quelque manière mille existences et mille vies. Voilà comme la nature compense ses bienfaits entre les différents êtres qu'elle

(1) On en a compté sur la tête d'un seul papillon 34,650. Expér. de M. *Puget.*

a créés ; voilà comme elle sait peindre, d'un seul coup, la foule immense de ses ouvrages visibles , dans des miroirs vivants et innombrables, qui par leur admirable réunion , semblent n'en former qu'un seul.

La vue polyscopique n'est pas la seule libéralité de la nature envers ces insectes. S'il est vrai , comme nous l'avons vu , que leurs yeux fassent encore l'office de multipliants et même de microscopes , ils réunissent donc trois espèces de vues plus belles et plus riches les unes que les autres, et l'homme n'en a qu'une !

Une chose remarquable, c'est que l'art qui , par ses inventions , nous a procuré les autres manières de voir que la nature nous a refusées, ne nous a pas été plus favorable qu'elle , à l'égard de la vue polyscopique. C'est la seule qu'il n'ait encore pu contrefaire.

Nous observerons aussi que de tous les sens dont la nature a pourvu les êtres animés, celui de la vue est le seul qu'elle se soit plu à réunir en si grand nombre. On ne connaît point, en effet, d'animal qui ait une multitude d'oreilles ou de narines (1). Il faut pourtant excepter le tact qui, répandu dans tout le corps, se trouve par-là comme multiplié à l'infini. Mais cet avantage est général pour tous les êtres sensibles; celui de voir par une grande quantité d'yeux est particulier à quelques espèces seulement.

---

(1) Il n'y a peut-être que la petite dorade, ou poisson d'or, dont les narines soient, non en très-grand nombre, mais seulement doubles.

ARTICLE VIII.

DE LA VUE ACROMATIQUE.

Nous ne dirons que peu de choses de cette espèce de vue, dont nous ne parlons que parce que l'art, qui nous l'a fait connaître, ne nous permet pas de douter qu'elle ne soit aussi dans la nature.

Lorsqu'on regarde au travers d'un verre noir, à l'instant un voile sombre se répand sur tous les objets, lesquels se dépouillent aussitôt de leurs couleurs, sans cesser pour cela d'être visibles. Nous en concluons qu'il doit aussi exister des êtres aux regards desquels l'univers ne se présente que sous cet aspect, et dont l'œil est achro-

matique. Toutes les raisons de probabilité que nous avons alléguées en
faveur des vues précédentes, dépo-
sent aussi pour cette dernière. La vraisemblance d'une seule d'entr'elles rend
toutes les autres également probables;
d'ailleurs, selon le principe que nous
avons établi, et que nous rappelle-
rons ici pour la dernière fois, l'art ne
produit rien par lui-même : il est su-
bordonné à la nature comme à son
modèle : c'est son guide ; il ne marche
que sur ses pas, il n'opère qu'en conséquence des lois qu'elle lui prescrit.
Or, est-il à présumer que la nature
eût des lois dont elle ne ferait aucun
usage, dont l'art se serait emparé, ou
qu'elles lui aurait abandonnées, qui,
sans lui, n'auraient point eu d'exécution et seraient demeurées nulles ?

D'après les indications que l'art
nous fournit en ce genre, il est donc

vraisemblable qu'il existe des êtres pour qui le monde est sans couleurs. Le seul mélange de la lumière et de l'ombre fait tout pour eux ; et cette manière de voir n'est pas aussi triste qu'on pourrait d'abord se le figurer, si même elle n'est préférable à l'*unicolor*, ou monochromatique. Au reste, il nous est facile de les comparer ensemble, et d'autant plus, que nous avons les pièces nécessaires à ce parallèle. Ce sont nos estampes, où le blanc et le noir, d'où résultent le clair et l'obscur, suffisent pour former des tableaux très-agréables, lorsque l'exécution en est soignée et part d'une habile main. Aussi n'est-il personne, pour peu qu'il ait de connaissances et de goût, qui n'admire une de ces belles gravures, chef-d'œuvres du burin de nos célèbres artistes en ce genre. Qu'on imprime, par exemple, en camayeu , quelle qu'en soit la couleur, ou le *Parnasse* de Raimondi, ou le *Mercure* d'Augustin Carrache , ou le *Pyrrhus* d'Audran , et qu'on en place les épreuves auprès de celle qui n'est qu'en noir ; toutes attireront sans doute les regards et recevront des éloges ; mais cette dernière aura probablement pour elle le plus grand nombre de partisans. Les êtres qui ne voient la nature que sous cet aspect, ne sont donc pas plus à plaindre que les autres, et, sur-tout, que ceux pour qui les divers objets ne réfléchissent que la même couleur.

Ce verre noir , de l'expérience duquel nous nous autorisons , n'absorbe pas, il est vrai , les couleurs de manière à les effacer complètement. Il en est de même des verres colorés en général , à l'égard des différentes vues monochromatiques. Mais l'art ; comme on le sait, incapable d'égaler la nature, ne l'imite aussi qu'imparfaitement. Les défauts de la copie ne peuvent donc s'attribuer ici à son modèle : elle doit lui être nécessairement inférieure. Ainsi chacune de ces vues, considérée comme naturelle, doit être bien distinguée des autres, et n'avoir rien de commun avec elles.

Il est à croire que les oiseaux de nuit, les phalènes et autres animaux, qui, ennemis de la lumière du soleil, ne sortent de leurs retraites que lorsqu'il est entièrement disparu, sont du nombre de ces êtres dont la vue est achromatique. Le soleil, en effet, est le père des couleurs ; elles naissent à sa présence, elles s'éclipsent avec lui ; elles ne peuvent donc briller au milieu des ombres, qui, à la moindre distance, nous dérobent les objets même qui en sont peints. Il n'en est pas ainsi de ces habitants de la nuit. Le peu de lumière qui subsiste alors, suffit pour leur rendre sensible ce que nous ne pouvons appercevoir. Leur large prunelle suppléé, par la quantité des rayons qu'elle recueille, à la force et à la vivacité qui leur manquent et qu'exige la formation des couleurs. Probablement il n'en existe donc point pour eux. Lorsqu'on dit poétiquement, pour désigner le règne de la nuit, que *la nature est ensevelie dans les ténèbres*, cette manière de parler n'est donc point généralement vraie, puisqu'il existe différentes espèces d'êtres aux regards desquels elle ne cesse point alors d'être visible. Les ténèbres, à proprement parler, ne sont que pour l'homme; la nature n'en connaît point. En se voilant à quelques yeux, elle se découvre à d'autres qui la contemplent à leur tour. Ainsi, toujours vivante, toujours animée, elle n'est jamais sans spectateurs.

Mais s'il est vrai, comme nous avons lieu de le présumer, que parmi les habitants de ce monde, il y en ait dont la vue soit vraiment achromatique, le jour ne doit pas être moins fait pour eux que pour les autres, et ils doivent également cesser de voir pendant la nuit. Les êtres nocturnes ou nyctalopes, dont nous venons de parler, formeraient une classe à part. L'aspect de la nature serait donc à-peu-près, pour les uns et les autres, ce qu'est pour nous une belle gravure, où ne règnent que l'ombre et la lumière, où les règles du clair-obscur et de la perspective sont parfaitement observées.

Il pourrait exister dans cette espèce

de vue et dans les précédentes , bien des différences et des accidents , occasionnés par les modifications infinies dont la lumière est susceptible.

Le même soleil qui nous éclaire, éclairant aussi Mercure et Saturne, et toutes les planètes intermédiaires, la force et l'éclat de ses rayons doivent s'affaiblir sans cesse , à mesure qu'ils s'éloignent de leur source , et par les inflexions continuelles qu'il leur faut éprouver en passant dans les différentes atmosphères de ces planètes. Il doit donc en résulter bien des changements dans les couleurs surtout. D'abord très-vives et très-brillantes dans Mercure , elles doivent aller en décroissant de plus en plus , et finir peut-être par être nulles dans Saturne , dont les habitants auraient ainsi en partage la vue achromatique. Bien plus, parmi le grand nombre de réfractions de toute espèce que doit subir la lumière , en arrivant sur ces différents globes , il pourrait y en avoir de nouvelles, qui n'ont pas lieu pour nous , et d'où résulteraient aussi de nouvelles couleurs qui nous sont inconnues, et qui le seront toujours. Les expériences du prisme, faites dans Mars ou dans Vénus , par exemple , ne seraient sûrement pas les mêmes que celles de Newton , et variraient sans doute beaucoup d'une planète à l'autre. De-là , que de doutes et d'incertitudes sur la vraie nature de la lumière et le nombre des rayons colorés qui la composent !

Nous n'entrerons pas dans de plus longs détails sur les différentes espèces de vue dont nous venons d'exposer successivement les phénomènes. Il est tems de les comparer avec celle de l'homme, pour examiner laquelle

9 *

présente le plus d'avantages, et décider enfin *s'il voit la nature sous
son plus bel aspect.*

TRIOSIÉME PARTIE.

——✦——

Aᴘʀès le tableau que nous venons de présenter de ces différentes manières de voir, et la connaissance que chacun a, par soi-même, de celle qui lui est propre, nous pourrions laisser au lecteur à décider, selon son goût, laquelle lui semble mériter la préférence sur toutes les autres. C'est ici, en effet, une de ces questions sur la décision desquelles le goût peut influer autant que la raison.

Un observateur avide et curieux, qui, passionné pour les beautés imperceptibles que la nature dérobe à ses regards, voudrait pouvoir déchirer le voile qui les lui cache, pour les contempler librement; qui, par

le peu qu'il en découvre et qui le charme , se figure combien l'ensemble en
est admirable , fera les plus grands
éloges de la vue ampliative, et pourrait se déclarer en sa faveur.

Au contraire , une personne dont
le goût fin et délicat aime à retrou-
ver cette qualité dans les ouvrages
de la nature et de l'art , comme dans
ceux de l'esprit et du génie ; pour qui
la délicatesse a des charmes exclusifs ;
à qui les choses, en quelque genre
que ce soit , ne plaisent qu'autant
qu'elles sont délicates , élégantes et
légères, ne pourra s'empêcher d'avoir
pour la vue contractive quelque pré-
dilection.

Les uns aiment l'abondance et la
foule : ce qui est seul et isolé leur dé-
plaît ; les autres cherchent le brillant
et l'éclat : ils dédaignent ce qui est
simple , ce qui n'a point de lustre ni

d'appareil. Cela peut suffire pour que les premiers donnent leur suffrage aux vues polyscopiques et multiplicatives, et que les autres préfèrent la vue prismatique.

Enfin, celui-ci, qui, adonné au plaisir de la chasse, par exemple, voudrait avoir la perspicacité de l'aigle, pour découvrir sa proie à la même distance, donnerait volontiers l'avantage à la vue télescopique; et celui-là qui, préférant une couleur à toutes les autres, voudrait la voir régner par-tout, adopterait de même la vue monochromatique. Pour celle qui n'admet rien de coloré, elle serait sûrement du goût des personnes naturellement sombres, tristes et mélancoliques.

Mais il est en nous un autre sentiment, qui rend peut être la question présente plus difficile encore à décider:

c'est l'amour-propre. Nous sommes, en effet, partie intéressée dans la cause que nous discutons : elle ne saurait nous être indifférente. Pouvons-nous donc en être des juges compétents, des arbitres légitimes, et notre jugement ne sera-t-il point suspect de partialité ? Ce que feraient nos concurrents dans cette occasion, ne le ferons-nous point nous-mêmes ?

Si le petit habitant du monde microscopique, cet atôme organisé que nous foulons aux pieds sans le voir, mais qui, fier de son existence, ne se prise pas moins que nous, avait ici à prononcer, il ne manquerait pas de s'attribuer la palme à lui et aux siens. A l'aspect des beautés qui l'environnent, et que lui seul peut voir dans tout leur éclat, pourrait-il ne pas se croire le mieux partagé, et ne pas se mettre aussi au premier rang ?

De son côté, l'être à l'œil contrac-tif, pour qui tout s'adoucit et prend un air gracieux ; pour qui les corps les plus bruts et les surfaces les plus grossières se dépouillent de leur rudesse et de leur aspérité ; à qui la nature, en un mot, semble vouloir sourire et plaire, en répandant sur ses productions plus de délicatesse et d'aménité, pourrait-il aussi ne pas s'applaudir de son sort, et ne pas le préférer à celui de ses rivaux ?

Chacun de ces derniers, comme on le pense bien, opinerait de même en sa faveur. Ainsi les différents peuples, en se comparant entr'eux, se donnent exclusivement la préférence. Il n'en est point qui ne se persuade être supérieur à ses voisins, et digne de leur commander.

Tâchons cependant d'établir des

principes qui, en nous servant de barrière contre les surprises de l'amour-propre, puissent nous diriger dans l'espèce d'arrêt que nous avons à prononcer.

Trois principales qualités nous semblent nécessaires pour former une vue agréable et avantageuse : c'est d'être *étendue*, *distincte* et *variée*. Etendue, pour contempler librement et à une certaine distance, les ouvrages de la nature, dont un espace trop resserré ne nous offrirait pas un assez grand nombre, et mettrait ainsi les mêmes bornes à notre admiration. Distincte, pour voir clairement dans chaque chose les beautés particulières qui la caractérisent, et en recevoir un sentiment plus vif, que la moindre confusion émousserait. Variée enfin, pour augmenter nos plai-

sirs en multipliant les sensations ;
qu'un aspect trop uniforme est incapable de nous procurer.

D'après ce principe, examinons de
nouveau ces différentes espèces de
vues, non sur le rapport de l'imagination, mais telles que l'art nous les
présente, pour voir quelle est celle
qui réunit dans le degré le plus parfait ces trois qualités.

La vue ampliative offre, sans contredit, des merveilles sans nombre, dignes des regards de tous les êtres.
Claire et distincte, les moindres choses lui deviennent sensibles ; diversifiée à l'infini, elle fournit sans cesse
un nouvel aliment à la curiosité. Mais
elle ne voit rien que de près ; les objets lui échappent et sont perdus pour
elle, dès qu'ils sont un peu éloignés.
Elle pèche donc par défaut d'étendue:
des trois qualités requises, elle n'en

possède donc que deux, éminemment à la vérité, mais l'autre lui manque absolument. Un second désavantage, qui n'est pas moins essentiel, c'est d'exclure tout ce qui est grand, ou de le dégrader, pour n'embrasser et ne faire briller que des atômes.

La vue contractive est aussi, nous en convenons, une source féconde en beautés. Il n'est rien qu'elle n'embellisse, sur quoi elle ne répande mille graces nouvelles. Elle a de plus toute la variété qui règne dans la nature, et beaucoup de netteté, sans aucune confusion. Mais, en diminuant le volume des corps, pour leur donner plus de délicatesse et d'élégance, elle leur fait perdre en même-tems ce qu'ils ont de grand, de noble et d'imposant On peut donc aussi lui reprocher de manquer d'étendue, sinon par rapport à elle-même, du moins

à l'égard des objets qu'elle en .dé-
pouille, et qu'elle prive ainsi d'une
grande partie de leur être. Pour elle,
en effet, la plus vaste campagne n'est
qu'un petit verger, la mer qu'un lac,
le soleil qu'une étoile. Il me semble
voir un peintre, habile sans doute,
mais ennemi des grands ouvrages, qui,
pour embellir et perfectionner les superbes tableaux des Raphaël et des
Michel-Ange, les réduirait en petites
miniatures, et s'imaginerait avoir
surpassé ses modèles. Un défaut plus
considérable encore de cette manière
de voir, c'est d'anéantir une foule
de petites choses, trop délicates pour
en supporter la réduction.

La vue multiplicative donne une
merveilleuse fécondité à la nature,
en fait éclorre une foule de productions nouvelles, en multiplie toutes
les beautés et les richesses, et dans un

eul monde nous en fait voir plusieurs;
mais elle tombe dans l'uniformité ,
par la répétition excessive et affectée
des mêmes objets ; elle devient con-
fuse et embarrassée par leur multitude
et leur surabondance , qui les entasse
les uns sur les autres. D'ailleurs, elle
n'est qu'une belle illusion , où presque
que tout est faux , où pour un être
réel , il en est mille qui ne sont qu'ap-
parents et fantastiques.

Rien de plus brillant que la vue
prismatique ; elle enchante les regards
par sa magnificence et les vives couleurs dont elle peint tous les objets ;
mais son éclat même fatigue bientôt,
parce qu'il manque de variété , et
qu'il en faut pour plaire long-tems.
Chez elle, tous les êtres sont aussi
richement parés les uns que les autres. La mendiante, sous ses haillons,
n'est pas moins remarquable que la

princesse couver e de pierreries. Cette espèce de vue défigure encore le plus souvent les objets, en altérant leur forme, et n'a point ainsi le mérite de la netteté.

La vue télescopique excelle par sa pénétration ; elle atteint, pour ainsi dire, aux extrémités de l'univers, et force la nature à nous découvrir les merveilles qu'elle avait placées dans une espèce de sanctuaire inaccessible. C'est la mère de la plus sublime des sciences humaines, de l'astronomie. Mais quelles que soient ses prérogatives, elle manque d'une qualité essentielle à une bonne vue, de celle même qui semble d'abord la caractériser, c'est-à-dire l'étendue, puisqu'elle ne peut embrasser que très-peu d'espace, et ne considérer par conséquent que très-peu d'objets à-la-fois. Elle n'a d'autre avantage que d'être

extrêmement prolongée , et d'être par-
là très-propre à éclaircir ce que l'éloignement nous rend obscur ou même
invisible. Encore cet avantage est-il
accompagné chez elle d'un défaut qui
en diminue beaucoup le prix ; c'est
de voir aussi mal de près qu'elle
voit bien de loin.

Enfin , s'il est des partisans de la
vue monochromatique , nous leur ac-
corderons volontiers qu'elle peut être
aussi claire et aussi distincte qu'aucune des autres , ne point leur céder
en étendue , être d'une couleur agréable et amie de l'œil ; mais cette couleur , répandue indistinctement de
toutes parts , offre un spectacle trop
simple et trop uniforme , pour ne pas
devenir bientôt insipide. Il en est ainsi
de la vue achromatique ; c'est le même
défaut , la même uniformité.

Quant à la vue polyscopique, elle

serait admirable, et, sans contredit, supérieure à toutes les autres, si les avantages en étaient bien constatés. Mais comme l'art ne nous a rien procuré de pareil ni d'approchant, nons ne pouvons prononcer sur ses effets, qui nous sont inconnus. Peut-être que la nature, en distribuant sur différentes faces les yeux des êtres po-lyscopiques, a seulement voulu sup-pléer par-là aux mouvements dont ils sont plus ou moins incapables, pour diriger leur vue comme nous, tantôt d'un côté, tantôt de l'autre, selon l'occurrence et le besoin. C'est ce qui est sur-tout sensible dans les insectes de cette espèce. Leurs yeux étant par-faitement immobiles, chacun n'est susceptible ainsi que d'un seul point de vue, que d'un seul aspect. La foule innombrable dont quelques-uns de ces insectes sont pourvus, ne serait alors que l'équivalent de la mobilité de cet organe chez nous, d'où résultent mille regards aussi variés que rapides, qui le multiplient en quelque manière à l'infini. Par là, ces êtres n'auraient en ce genre aucun avantage sur nous, malgré leur supériorité apparente. Il semble pourtant qu'une douzaine d'yeux, tout au plus, serait plus que suffisante pour les faire voir de tous les côtés à-la-fois, et suppléer à cette impuissance de les mouvoir comme nous. Mais nous n'avons là-dessus rien de certain, rien de positif : nous ne pouvons former que des conjectures. Au reste, comme leur vue est probablement multiplicative, elle doit aussi n'être pas exempte de confusion.

Aucune de ces différentes manières de voir ne réunit donc les trois qualités requises pour constituer une vue

bien organisée, également agréable
et avantageuse. S'il est une espèce de
vue à laquelle ces qualités appartiennent, et dont elles fassent le caractère propre, cette vue est donc, sans
contredit, la plus parfaite de toutes,
celle, par conséquent, qui voit la nature sous son plus bel aspect. Telle
est la vue de l'homme, dont nous les
avons empruntées sans l'indiquer,
comme une règle dont l'application
pût nous découvrir ce que les autres
ont de défectueux. De tous les êtres,
dont ces vues supposent l'existence,
l'homme est donc celui *qui voit la
nature sous son plus bel aspect.*

On nous dira peut-être que ce n'est
qu'à la faiblesse et à l'insuffisance de
l'art qu'il faut attribuer les défauts
que nous paraissent avoir ces différentes espèces de vues ; que dans la
nature elles doivent être beaucoup

plus parfaites ; et que chacune , supposant un monde à part , qui n'existe
que pour elle , toutes les beautés qu'il
renferme , doivent être aussi visibles
pour ses habitans que celles du nôtre
le sont pour nous.

Ce raisonnement , il faut l'avouer,
n'a rien que de vaisemblable , et par-
par conséquent rien que d'admissible;
mais en l'admettant , il ne fera pas
perdre à la vue de l'homme la supériorité que nous lui avons décernée.
Il a , pour la conserver , de nouveaux
moyens à faire valoir, de nouveaux
titres à produire.

S'il était borné à la simple anima-
lité , comme les êtres , quels qu'ils
soient , avec lesquels on lui fait ici
plaider sa cause , ces derniers , il est
vrai , après ce que nous venons d'accorder en leur faveur , pourraient
prétendre, du moins quelques-uns ,

à voir la nature sous un aussi bel aspect que lui ; mais l'homme est de
plus doué d'intelligence et de raison ;
prérogative qui donne à l'espèce de
sa vue l'avantage le plus décidé , non-
seulement sur celle des êtres dont l'œil
est organisé différemment du sien ,
mais encore sur celle des animaux qui
partagent avec lui la même manière
de voir.

En effet , le sentiment , développé
en lui et perfectionné par l'intelli-
genge , lui fait saisir , dans les mêmes objets , une foule de beautés qui
ne sont perceptibles que pour lui seul ,
et lui font éprouver ainsi un degré de
plaisir et de satifaction qu'aucun de
ces êtres ne partagent avec lui. Il ne
voit pas seulement , il réfléchit encore sur ce qu'il voit, examine chaque chose en elle - même , en ob-
serve les différentes qualités , les com-

pare entr'elles, discerne ce qui est beau et précieux de ce qui ne l'est pas, ce qui l'est plus de ce qui l'est moins. De-là mille sensations nouvelles, inconnues à l'être purement animal.

Ce dernier, quelle que soit l'organisation de sa vue, dépourvu d'intelligence et de goût, n'est attentif qu'à sa proie, qu'à ce qui peut satisfaire ses appétits et ses besoins. Présentez-lui le spectacle le plus beau, le plus gracieux, le plus touchant, il n'en sera point affecté. Il foule indistinctement aux pieds, et les fleurs les plus rares et les herbes les plus viles. Il marchera sur l'or et les diamans comme sur la fange et la poussière. L'homme est donc le seul qui soit sensible aux beautés de la nature, qui sache les gouter et les apprécier, qui, par conséquent, ait l'avantage de les voir de la manière la plus parfaite , et *sous l'aspect le plus flatteur*.

Ce n'est pas tout : les différents êtres, entre lesquels sont distribuées les espèces de vue dont nous avons parlé, sont restreints chacun à celle qui lui est échue. Les uns ne peuvent anticiper un instant sur celle des autres. Les mouches , il est vrai , et les insectes qui leur ressemblent , paraissent en réunir plusieurs, comme nous l'avons observé; mais toutes ces vues , confondues ensemble , n'en forment plus qu'une seule qui en est le resultat. Ces êtres ne pouvant en faire usage séparément , il n'ont donc qu'une seule manière de voir comme les autres. Il n'est pour eux , en ce genre, aucune diversité ; la nature s'offre toujours à leurs regards sous le même aspect, et par conséquent leur paraît toujours la même. Il n'en est pas ainsi de l'homme : il participe à toutes les manières de voir, aucune ne lui est interdite. Avantagé d'abord d'une vue qui ne le cède à aucune autre, pour ne rien dire de plus, il s'est ensuite procuré, par son industrie, celles qui lui manquaient ; et qui, essentiellement différentes, s'excluaient par-là mutuellement. Il a eu l'art de changer ainsi de vue sans changer d'œil, ou plutôt de rendre un seul et même œil susceptible de plusieurs espèces de vues. Aucun des aspects connus, sous lesquels l'univers est visible, n'a donc pu lui échapper. Il a pénétré dans le monde microscopique, pour en contempler avec ses habitants les curiosités, qui n'étaient naturellement faites que pour eux. Il s'est également introduit dans la sphère où la nature se ressère, et adoucit la fierté de ses traits, pour en devenir plus belle et plus gracieuse. L'immensité de l'espace n'a pas été pour lui un obstacle: il en a franchi l'étendue, pour aller admirer dans le ciel même les merveilles que leur éloignement lui dérobait. Par tout le même succès l'a suivi. Les êtres à l'œil prismatique, multiplicatif, monochromatique, l'ont vu successivement entrer entrer en conquérant dans leur empire, et soumettre à ses regards ce qu'eux seuls étaient en possession de voir. Sa vue réunit toutes les vues: il voit la nature sous toutes ses faces: il en contemple toutes les richesses: c'est donc à lui qu'elle se montre *sous son plus bel aspect.*

CONCLUSION.

Nous terminerons cet essai sur les différentes espèces de vues, par quelques réflexions qui en dérivent naturellement.

Quoique, dans tous les siècles, on ait admiré la singulière variété que la nature a mise dans ses ouvrages ; cependant on n'a peut-être point encore bien compris l'étendue de cette variété. On a supposé trop gratuitement que la faculté de la vue était à-peu-près la même dans tous les êtres qui en sont doués. Leur organisation si différente et si variée ; la nature de la lumière, composée de plusieurs lumières particulières et séparables ; les différents degrés de réfraction dont

elle est susceptible; la propriété ré-
fringente de l'œil, quel qu'il soit, de-
vaient cependant faire assez présumer l'existence de plusieurs espèces
de vues; existence qu'établissent d'ailleurs, comme on l'a vu, bien d'autres raisons. Chacune de ces vues di-
versifiant le spectacle de l'univers, en
le modifiant à sa manière, par l'effet
du méchanisme qui lui est propre,
il s'en suit donc qu'il y a dans l'univers mille univers différents, dont
chacun n'offre pas moins de variété
que celui même que nous admirons.
En effet, quoiqu'il existe probablement bien d'autres manières de voir
que celles que nous avons indiquées,
cependant fussent-elles les seules,
elles suffiraient pour en produire une
infinité d'autres. Ce sont autant de
genres, qui renferment chacun une

10 *

multitude d'espèces. Developpons cette idée.

Un bon microscope nous fait voir un objet au moins cinquante mille fois plus grand qu'il ne paraît à la simple vue. Or il faut considérer les unités qui forment ce nombre, comme les effets d'autant de miscroscopes séparés , avec lesquels en observerait successivement le même objet , et dont le dernier le dilaterait cinquante mille fois plus que le premier. Par conséquent il doit en être de même dans la nature. La vue ampliative chez elle doit se diviser aussi, pour ne pas pousser la progression plusloin, en cinquante mille espèces de vues différentes , qui enchérissent les unes sur les autres , dans la même proportion. Elle doit en avoir qui correspondent à celles de nos lunettes pour les différents âges, de nos monocles ou loupes de différente force, de cette belle machine, qu'on pourrait appeler le secret des fées, qui en réalise en quelque manière les enchantemens et les prodiges, et dont les effets, aussi surprenans que ceux de leur baguette magique, font éclore subitement comme elle, des édifices et des palais superbes, où se déploie toute la majesté de l'architecture, où se réunissent toutes les délices de la nature et de l'art. Vous ne pouvez vous lasser de les contempler, parce qu'ils ne cessent point de vous plaire. Artifice merveilleux ! et d'autant plus que les avantages de la vérité se joignent aux charmes de l'illusion. Tranquille et immobile, vous voyagez dans les divers climats du monde, avec la célérité des vents, avec la rapidité de l'éclair. Dans un instant, vous pas sez du Louvre à l'Escurial, de la bibliothèque du Vatican à la Mosquée de Sainte-Sophie; ou plutôt, sans changer de place, vous êtes présent par tout. A cent lieues de Paris, vous êtes aux Tuileries, à Versailles, à Meudon, à Marli, etc. Ici, vous admirez ces belles promenades, ces allées magnifiques; là, ces bosquets verdoyants, ces eaux limpides, qui de leurs canaux souterrains, s'élancent à l'envi dans les airs, d'où elles retombent en pluie d'argent. Il vous semble en entendre le murmure, en sentir la fraîcheur. Ce n'est point un vain songe, qui se dissipe et s'évanouit au moment qu'il vous est le plus agréable : ces merveilles ont une existence aussi durable que vos désirs. Ce n'est point une simple image, resserrée dans des bornes étroites ; chaque chose a sa grandeur, son étendue naturelle (1). D'après cette espèce de vue, figurons-nous quel doit être le spectacle de l'univers, dilaté dans la même proportion.

La vue contractive ne diminuant pas moins le volume des corps que la vue ampliative ne l'aggrandit, de ce décroissement, également graduel, se formera une nouvelle série de cinquante mille autres espèces de vues, qui feront voir les objets une fois plus petits les uns que les autres. Ainsi de la vue multiplicative et des autres en général. De-là que de mondes dans un seul monde ! (2)

---

(1) Cette machine est ce qu'on appelle une *Optique.*

(2) Un multipliant, en effet, peut être plus ou moins multiplicatif, selon le nombre de ses facettes ; il peut grossir ou diminuer

. Entre ces vues innombrables, une seule nous est échue en partage. Persuadés qu'il n'en est point d'autres sur la terre, nous nous imaginons que la nature, à cet égard, n'a rien fait, que pour nous, qu'elle s'est même comme

en même-tems les objets, les peindre d'une ou plusieurs couleurs. Pour les dilater, il suffit que les facettes en soient convexes, ou concaves pour les contracter ; si elles sont planes, chaque chose alors paraîtra dans son état naturel, à la multiplicité près. Formé d'un verre coloré, il peindra tout de la même couleur, ou de couleurs différentes, si chaque facette a sa couleur propre et particulière. De même, la vue multiplicative peut multiplier beaucoup plus ou beaucoup moins, dans la progression de quatre ou six, par exemple, à vingt ou trente mille. Elle peut être en même tems ampliative ou contractive, prismatique ou monochromatique. Ainsi chacune de ces vues peut en produire plusieurs autres, en se combinant diversement ensemble,

épuisée pour nous plaire par la variété de ses ouvrages : présomption
absolument dénuée de fondement.
Persuadons-nous au contraire que la
nature ne nous découvre pas, à beaucoup près, la centième partie de ses
beautés. C'est un édifice immense,
qui a mille aspects différents, plus
magnifiques les uns que les autres,
et que nous n'appercevons que sous
un seul.

Mais pour ne parler ici que de chaque espèce de vue, considérée en elle-
même, sans nous arrêter à ses nuances ou gradations infinies, si elle suffit pour fournir sans cesse à l'admiration, que ne serait-ce pas, si un
seul être, si l'homme, par exemple,
pouvait les réunir toutes, et en faire
usage alternativement ? A chaque
changement de vue. il entrerait comme dans une planète étrangère, où

tout serait étranger aussi pour lui. Le voyageur qui , des climats glacés du nord, passe dans les régions brûlantes du midi ; d'un désert aride, dans une plaine fertile , ne voit rien de si différent.

Avec l'œil microscopique, il verrait le monde peuplé d'une infinité d'êtres, soit vivants , soit inanimés, dont la forme ne lui serait pas moins inconnue que le nom. Ce que nous appelons une goute d'eau, serait pour lui un étang poissonneux. Il découvrirait une belle campagne sur une pierre couverte de mousse, de hautes futaies dans quelques bruyères , de gros rocs dans de simples graviers ; les hommes les plus petits lui paraîtraient des géants énormes, pour ne pas dire des montagnes ambulantes , qui, à chaque pas , écraseraient sous leurs pieds des animaux plus gros que des bœufs. Le polyphème d'Homère et de Virgile ne serait en comparaison qu'un nain, qu'un enfant.

Au premier regard de l'œil contractif, ce monde immense disparaîtrait, pour faire place à un nouveau qui ne serait pas moins extraordinaire. Avec lui s'anéantirait la plus grande partie des êtres dont il était peuplé : à peine les plus gros se survivraient-ils à eux-mêmes par la réduction qu'ils éprouveraient. Aussi tout ce qui étonnerait dans l'un, par sa grandeur demesurée, ne surprendrait pas moins dans l'autre, par son extrême petitesse. Rien ne semble plus chimérique et plus imaginaire que de pareils mondes, et cependant il est possible, il est même probable qu'ils existent. Ou les expériences de l'art ne sont que de pures illusions qui ne

nous apprennent rien , ou les morceaux détachés qu'elles nous présentent , prouvent l'existence de l'ensemble (1).

Lorsque les hommes, aggrandis-
sant la nature et la resserrant tour-à-
tour dans leur imagination, employè-

____

(1) Le volume ou la grandeur des corps ,
dépendant de l'ouverture de l'ang'e visuel
sous lequel nous les voyons , il s'en suit que
leur grandeur réelle nous est inconnue , et
que celle qu'ils nous semblent avoir, n'est
pour nous qu'une simple apparence. Le monde
qui nous paraît si grand, pourrait donc être
fort petit en lui-même , et n'être redevable de
sa grandeur qu'à la manière dont il se dilate
à nos regards ; comme il pourrait être aussi
beaucoup plus grand qu'il ne paraît, et se
contracter à nos yeux par notre manière de le
voir. L'un et l'autre sont également possibles.
Mais combien serait-il plus petit ou plus
grand ? C'est ce que personne ne peut dire :
des millions de fois peut-être.

rent les arts pour la représenter dans
ces deux états, ils ne firent donc que
la copier elle-même sans le savoir.
Leurs statues les plus gigantesques,
tel que le fameux colosse de Rhode,
de même que leurs portraits et leurs
paysages de la plus fine miniature,
sont des images également fidèles de
deux ordres de choses, qui ne sont
pas faits pour nous, il est vrai, mais
qui n'en sont pas moins réels pour
d'autres êtres. Il en est ainsi de ceux
de nos écrivains, qui, dans leurs romans, ont supposé des hommes d'une
grandeur ou d'une petitesse extraordinaire, cultivant un sol dont les productions étaient proportionnées à leur
taille. Ils n'ont rien peint que de naturel, en croyant n'écrire que des chi-
mères. L'idée sur laquelle ils for-
maient leur tableau intellectuel, n'é-

tait elle-même que l'expression d'un modèle physique.

Après ce que nous avons dit des espèces de vues, on se figure aisément les différentes sensations qu'elles feraient successivement éprouver, sans qu'il soit besoin d'entrer ici dans de nouveaux détails. On doit comprendre aussi que la même révolution qui s'opérerait dans l'espace, aurait également lieu dans le mouvement. L'extension ou le décroissement du premier serait la règle de la rapidité ou de la lenteur du second. Il faut dire la même chose de ceux de nos sens qui sont susceptibles de plus ou moins d'étendue. Dans le premier de ces mondes, les hommes verraient à des distances immenses : ils se parleraient et s'entendraient à des centaines de lieues. Dans le second, au

contraire , ils sembleraient avoir autant perdu de la finesse de leurs facultés corporelles , que leur corps
même de sa grandeur.

Rien de plus admirable sans doute
que cette variété du spectacle de l'u-
nivers , pour un être qui aurait l'a-
vantage de le considérer sous les divers aspects dont nous avons parlé.
Mais ce qui est peut-être plus admirable encore , et plus surprenant que
ces aspects, c'est leur cause ; c'est la
simplicité des moyens dont se sert la
nature , pour opérer de si grands
changemens. Il ne lui faut pour cela ,
ni rien créer de nouveau , ni rien
changer à l'ordre et à la disposition
de ses ouvrages. Il suffit de quelque
modification dans le méchanisme de
l'organe qui nous les rend visibles ,
pour faire éclore tant de merveilles

et de prodiges , et d'un seul monde
faire ainsi mille mondes différents (1).

---

(1) On observera peut-être , à l'égard des
vues ampliative et contractive, que l'être alternativement spectateur de l'univers sous ces
deux aspects , croissant lui-même ou décroissant à ses propres regards, ainsi que les divers objets dont il serait environné, la même
proportion qui régnait entre eux et lui, sub-
sisterait également, et qu'ainsi la révolution
qui s'opérerait par le changement réciproque
de ces deux manières de voir, serait nulle
pour lui. L'observation est vraie, mais la
conséquence qu'on en déduit ne l'est sûrement pas.

Dans ces deux circonstances, il serait, à
la vérité, difficile à cet être, que l'on suppose doué de raison , de démontrer géomé-
triquement la disproportion de ces deux
mondes comparés ensemble, parce que les
différentes mesures dont il pourrait se servir
pour la vérifier, auraient elles-même changé
et subi le sort commun et général. Mais cet

être aurait des preuves de sentiment, qui ne
lui permettraient pas de douter de cette révolution, et la lui rendraient fort sensible.
C'est d'abord le souvenir des premières di-
mensions qu'il conserverait avec l'image des
objets empreints dans son esprit ; 2° la distance de son front à la terre, au-dessus de
laquelle il se verrait beaucoup plus ou beaucoup moins élevé qu'auparavant ; 3° sur-
tout la foule des animaux et des productions
de toute espèce que ferait éclorre et dispa-
raître leur dilatation ou contraction, portée
à un certain point : enfin un grand nombre
d'autres effets, propres à ces deux espèces
de vues, et qui suffisent pour rendre le monde
bien différent sous ces deux aspects.

FIN.